焉耆盆地
美酒故里

新疆焉耆盆地
葡萄酒产区教程

巴州葡萄酒协会 组织编写
杨华峰 主编

中国轻工业出版社

图书在版编目（CIP）数据

焉耆盆地　美酒故里：新疆焉耆盆地葡萄酒产区教程 / 巴州葡萄酒协会组织编写；杨华峰主编. -- 北京：中国轻工业出版社，2024. 11. -- ISBN 978-7-5184-5152-4

Ⅰ．S663.1；TS262.61

中国国家版本馆 CIP 数据核字第 2024PW2255 号

审图号：新 S（2024）235 号

责任编辑：江　娟　　　责任终审：许春英
文字编辑：郑彩娟　　　责任校对：朱燕春　　　封面设计：董　雪
策划编辑：江　娟　　　版式设计：锋尚设计　　　责任监印：张　可

出版发行：中国轻工业出版社（北京鲁谷东街5号，邮编：100040）
印　　刷：鸿博昊天科技有限公司
经　　销：各地新华书店
版　　次：2024年11月第1版第1次印刷
开　　本：787×1092　1/16　印张：14
字　　数：280千字
书　　号：ISBN 978-7-5184-5152-4　定价：129.00元
邮购电话：010-85119873
发行电话：010-85119832　010-85119912
网　　址：http://www.chlip.com.cn
Email：club@chlip.com.cn
版权所有　侵权必究
如发现图书残缺请与我社邮购联系调换
240400K7X101HBW

本教程编写目的

为深入贯彻巴音郭楞蒙古自治州（后文中均简称"巴州"）的"十四五"高质量发展目标定位，服务新疆维吾尔自治区"五个方面战略定位"大局，发挥葡萄酒产区特色，推进特色农业优势产业集群力量的发展，助力巴州葡萄酒产业高质量发展，特编写本教程。

本教程以梳理焉耆盆地葡萄酒亮点为出发点，探究产区悠久历史，深挖产区风土优势，详谈产区优质酒庄酒款，介绍产区先进个人及集体，结合文化传统及特色美食，向全国消费者展现焉耆盆地葡萄酒产区的全貌。

本教程将通过焉耆盆地葡萄酒相关知识学习、优质葡萄酒品鉴、巴州旅游线路规划、全国美食与焉耆盆地产区美酒的搭配，为广大消费者建立品焉耆美酒、赏焉耆盆地产区文化的消费场景。让更多人认识焉耆盆地葡萄酒、喜爱焉耆盆地葡萄酒，并将焉耆盆地葡萄酒带入自己的生活。

本书编委会

主编单位
巴州葡萄酒协会

编委会主任
陈立忠　李瑞琴

编委会顾问
段长青　李德美　战吉宬

主编
杨华峰

编委

冯晓辉（冠颐）[*]	成正龙（国菲）	张瑛莉（馨玉）
蒋延军（天塞）	卢大炜（侍文院）	李　航（侍文院）
王沾东（侍文院）	邹积赟（乡都）	刘益玲（中菲）
马鹏功（天塞）	苗成福（天塞）	管　铮（瑞峰）
胥　威（馨玉）	权娣红（乡都）	丁学刚（贵基）

技术指导
侍文院　IFW餐酒搭配研究中心

---

[*]：括号内表示酒庄名称

与你一起了解
焉耆盆地大山大湖大河大戈壁所孕育出的各色美酒

序言一
Preface 1

从100多年前的模仿借鉴到改革开放后的"中国风土 世界品质",中国现代葡萄酒产业经历了从起步到快速发展,再到国际化布局的历程。如今,中国葡萄酒已经构建出属于自己的品质表达和价值表达体系,不断丰富与发展的产业自信、品质自信和文化自信,正在引领中国葡萄酒走向更加繁荣和可持续的未来。

新疆葡萄酒产业在产业规模、产区布局、品牌建设等方面均已取得显著成效,并呈现出集群化、品质化、国际化、多元化的发展趋势。未来,新疆葡萄酒产业必将继续保持稳健发展态势,并在全球市场上展现出更加独特的魅力和风采。

作为酿酒葡萄生产基地之一,焉耆盆地经过多年的发展,已经形成了较为完善的葡萄酒产业集群,拥有众多知名的酒庄和品牌。这些酒庄不仅在产品质量上追求卓越,还在品牌建设上下了大力气,提升了焉耆盆地葡萄酒在国内外市场的知名度和美誉度。

新疆维吾尔自治区人民政府及巴音郭楞蒙古自治州人民政府高度重视葡萄酒产业的发展,出台了一系列扶持政策和规划措施。这些政策不仅为葡萄酒产业提供了资金、技术、人才等方面的支持,还推动了葡萄酒产业链的延伸和拓展。焉耆葡萄酒在产区企业的不懈努力下已经取得了显著的品牌影响力。焉耆盆地还积极探索"葡萄酒+"融合发展新模式,初步形成了"葡萄酒+文化+旅游+康养"的发展新路径,呈现出二产连接一产进而带动三产的综合效应。

杨华峰同志因为热爱,所以坚持,因为信念,所以坚守。多年来,他扎根新疆焉耆并亲身参与酿酒的经历,才促成了本书《焉耆盆地 美酒故里》的成功问世。

本书不仅对焉耆盆地葡萄酒产区自然风光进行生动的描绘，更是面向读者和消费者，对焉耆盆地葡萄酒产区深厚浓郁的美酒美食文化底蕴和先进酿造技术娓娓道来。它像一把钥匙，引领读者穿越历史长廊，感受从古代西域葡萄美酒的传奇到现代葡萄酒产业的蓬勃发展；它又如同一幅精美的画卷，徐徐展开焉耆盆地独特的自然景观与人文风情，让人在品味美酒的同时，也能领略到这片土地的广袤与深邃。

它不仅是对焉耆盆地葡萄酒产区的一次深情致敬，更是对中国葡萄酒行业未来发展的美好期许。我相信，随着这本书的广泛传播，焉耆盆地的葡萄酒必将走出国门，走向世界，成为代表中国葡萄酒高品质、高品位的亮丽名片。

在此，我衷心希望《焉耆盆地　美酒故里》能够激发更多人对葡萄酒文化的兴趣与热爱，促进国内外葡萄酒行业的交流与合作，共同推动中国乃至世界葡萄酒产业的繁荣发展。

中国酒业协会执行理事长

2024年7月8日

序言二
Preface 2

　　大美新疆，地域辽阔，物产丰富，素有瓜果之乡的美誉，尤以葡萄为甚。因其葡萄种植历史悠久、品种多、产量大又有"葡萄故乡"的美名。

　　受益于得天独厚的自然物候条件，新疆的葡萄与葡萄酒产业一直在中国葡萄酒的发展过程中扮演着重要的角色。西部大开发以来，新疆的葡萄酒产业走上了高质量发展的快车道，涌现出一大批新的品牌与企业，在新疆境内也逐渐形成了天山北麓、焉耆盆地、吐哈盆地和伊犁河谷四个各具特色的优秀子产区。其中，焉耆盆地在基地可控、精品酒庄协同发展等方面表现突出。

　　本教程从产区的历史文化、风土人情、优势葡萄品种、骨干酒庄、特色酒款等方面，系统地梳理了焉耆盆地产区自然物候及葡萄酒的亮点。同时，也对产区的品牌故事、历史文化、先进个人及集体、地区传统特色美食进行了系统的整理和归纳，并在产区产品风格特点及餐酒搭配方面进行了较为详尽的阐述，还将巴州美丽的自然风景和人文历史景点作为附录展现在读者面前，向广大消费者和读者全方位展现了焉耆盆地葡萄酒产区的风貌。

　　本教程以《焉耆盆地　美酒故里》为书名充分体现了产区的产品自信和文化自信。教程中开创性地提出"慕萨莱思是世界葡萄酒活化石"的鲜明观点并表达了"中国葡萄酒的源头在新疆"的思路，这与"张骞出使西域将葡萄带回中原"的历史史料是相吻合的，在中国葡萄酒文明史的挖掘方面做出了积极的尝试。同时，教程中也有对焉耆盆地产区风土成因的独特视角，在倡导国潮之风和文化自信的时代背景下，这些举措都是值得肯定的。

　　新疆焉耆盆地产区地处边远，与中心消费地区的消费者距离遥远，很多消费者不一定有机会到现场近距离感受产区的风土和人文，因此可以通过焉耆盆地葡萄酒教程知识的学习，了解焉耆葡萄酒的品鉴、全国美食与焉耆盆地产区美酒的搭配，为广大消费者建立品焉耆美酒、赏焉耆盆地产区文化的消费场景，让更多的消费者认识、喜爱焉耆盆地葡萄酒，并将焉耆盆地葡萄酒带入自己的生活。

真诚地希望新疆焉耆盆地产区的葡萄酒人能借此教程讲好产区故事,传播优美的葡萄酒声音,展现出自己独特的风貌,为满足广大消费者对美好生活的需求做出葡萄酒人的贡献。

中国食品工业协会副秘书长

杨强

2024年7月18日

前言
Foreword

在广袤的华夏大地，占据中国面积近五分之一的西北边疆就是新疆，这里孕育着一片神秘而独特的葡萄种植天堂——焉耆盆地。这片被壮美的天山山脉环抱、被中国最大的内陆吞吐湖博斯腾湖和巴州的母亲河、新疆八大河流之一开都河滋养的土地，因其独特的地理位置与得天独厚的地理气候条件，以及悠久深厚的葡萄酒文化底蕴，正逐渐成为我国乃至世界葡萄酒版图中一颗璀璨夺目的明珠。

焉耆盆地葡萄酒是连接古老土地与现代产业、传统技艺与前沿知识、本土文化与国际视野的桥梁。我们期待能在有限的时间内，让你感受这片土地质朴而宏大的存在，带你走近这方神奇世界的天、地、人。愿每一位热爱葡萄酒的人，都能在焉耆盆地找到属于自己的"醉美"诗篇，也诚挚邀请远方的你，踏上祖国最西部的壮美之地——新疆维吾尔自治区，一起深入感受中国重要葡萄酒产区——焉耆盆地产区之美。

巴州葡萄酒协会

2024年4月2日

目录
Contents

第一章
古而有之 美酒之地 　　1

　　第一节　美酒飘香的丝路重地——焉耆盆地　　2
　　第二节　现代美酒之乡——焉耆盆地　　7
　　第三节　焉耆盆地产区的未来之路　　12

第二章
这里的葡萄 这里的琼浆 　　17

　　第一节　焉耆盆地产区葡萄品种概览　　18
　　第二节　焉耆盆地产区主要葡萄酒风格类型　　29
　　第三节　焉耆盆地美酒的生产酿造　　34

第三章
焉耆风土叫天地人 　　45

　　第一节　焉耆产区自然及地理　　46
　　第二节　焉耆的风土密码——天地人　　59
　　第三节　焉耆盆地产区常见的架型管理　　64

第四章
这里的产区 这里的酒庄 　　69

　　第一节　七个星小产区　　70
　　第二节　和硕小产区　　86

第三节　南山小产区　　　　　　　　　　106
　　第四节　223团小产区　　　　　　　　　110

第五章
焉耆美酒与天下美食　　　　　　　　　　117

　　第一节　中国餐桌的餐酒搭配原则　　　　118
　　第二节　新疆美食与焉耆美酒的搭配　　　121
　　第三节　祖国其他地区美食与焉耆美酒的搭配　　132
　　第四节　世界美食与焉耆美酒的搭配　　　142

附录　　　　　　　　　　　　　　　　　　150

　　附录1　焉耆盆地产区更多酒庄介绍　　　150
　　附录2　葡萄酒品鉴方法　　　　　　　　180
　　附录3　专业名词解释　　　　　　　　　183
　　附录4　基本侍酒技能　　　　　　　　　185
　　附录5　焉耆盆地葡萄酒文化旅游A级以上景点简介　　189
　　附录6　焉耆盆地著名景点介绍　　　　　198

致谢　　　　　　　　　　　　　　　　　　209

第一章

古而有之
　　美酒之地

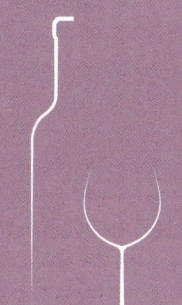

中国葡萄酒

起源于那段传奇的历史

更绕不开这方动人的土地

第一节

美酒飘香的丝路重地——焉耆盆地

古有西域之国，名为焉耆（qí）国，虽不如中原地区般富庶，但自古以来这里就是一片热土，有着悠久的历史和深厚的文明。

焉耆国是西域三十六古国之一，千百年来，地名和位置一直未曾改变，焉耆是古丝绸之路新疆段中道的重要节点，同时也是张骞出使西域途经的交通要地，焉耆还是霍去病西征的古战场之一，投笔从戎的班超也曾率三十六铁骑驰骋征战过焉耆，焉耆也是晋代大和尚法显和唐代高僧玄奘的讲经之地。说起璀璨的历史，焉耆有着自己的浪漫和悲壮。

焉耆盆地即因焉耆国（现焉耆县）而得名。

1. 酒的发展历史

古代人类在生活中，有意或者无意地发现，一些含糖类的物品在合适的温度和环境下，会生出有着奇特芳香的液体。虽然带有轻微腐坏的味道，但会让饮者兴奋，这就是发酵酒的起源。发酵酒是人类最早掌握的酒类生产技术。最早的发酵酒的原料就是含糖高的物品，在世界各地逐步诞生了蜂蜜酒、葡萄酒、椰子酒等。这些酒诞生于古人类仍处在狩猎与采集为生的时期，当古人喝下这些"神奇的液体"时，会产生眩晕、兴奋的感觉，甚至还会产生幻觉，这是古人难以理解的体验。这种神奇的体验，大多被古人解释为与神灵有关。

若论发酵酒中最为神奇的品类，葡萄酒当之无愧。葡萄酒的生产仅需要将香甜的葡萄汁进行自然发酵，就可以得到让人神魂颠倒的基础葡萄酒。这一过程有着化腐朽为神奇的特点：本来极易腐坏的葡萄，在合适的条件下，摇身一变，成为了闪着红色光芒、犹如血液一般，且让人头晕目眩的液体。这在古人看来，绝对是神迹的变化，所以在很多宗教中，葡萄酒都被赋予了"不死""血液""生命"等意义。

不过，葡萄酒的诞生还是存在一定的争议。中国河南贾湖遗址出土的公元前9000年至前7500年的陶罐上的沉淀物里含有酒石酸，很多考古学家都认为这是世界最早的酿酒证据。目前较为主流的观点认为，人类主动生产的葡萄酒很可能诞生于公元前6000年左右，诞生地是黑海和里海之间的高加索地区。随后，随着人类文明的发展和迁徙，葡萄酒向西传到古埃及、古希腊，向东传到中亚，直到世界各地。

2. 中国古代葡萄酒的重要传播节点——焉耆盆地

中国葡萄酒的历史可追溯至远古时期。据考古学发现，在春秋时期成书的《诗经·国风·豳风》中，已经出现了"六月食郁及薁，七月亨葵及菽"的时节习俗记载，其中的"薁"就是野葡萄，所以可以合理地推测，在周朝之前，中华大地上很可能已经有着种植和食用野葡萄的历史。葡萄在远古中国有着不同的称谓，《诗经》中"南有樛木，葛藟（lěi）累之。乐只君子，福履绥之"和《易经》第四十七卦"困卦"爻辞中"困于葛藟，于臲卼（niè wù），曰动悔。有悔，征吉"都是有关野葡萄（时称葛藟）的记载。而西周（公元前1046年至前771年）时期《周礼》中多次提及的"郁鬯"，被认为是一种含有葡萄成分的祭祀酒，很可能就是早期葡萄酒的雏形。

新疆地区是欧亚种葡萄古代传播路线中不可忽视的区域，是欧亚种葡萄进入中国最早的区域。目前关于欧亚种葡萄传入我国新疆的路线主要有两种不同意见：一是通过塔里木盆地传播的"绿洲道"，二是通过天山以北传播的"欧亚草原道"。

主张"欧亚草原道"的意见认为，在青铜器时代中晚期之后，中亚地区就有早期人群携带农作物与牲畜沿天山向东迁徙至今乌鲁木齐等地。从考古学研究来看，这一时期费尔干纳盆地的楚斯特文化、伊犁河流域文化以及吐鲁番盆地的苏贝希文化之间保持着紧密的文化联系。而从经济生产角度来看，这些地区的人群都从事一定程度的定居农业。这些文化联系密切且从事农业的印欧人群迁徙进入我国，从而为葡萄等作物传入我国奠定了重要的文化与历史背景。

主张"绿洲道"的意见认为，由于塔里木盆地与中亚绿洲在气候与水土条件方面较为接近，因而是葡萄传入我国的首站。印欧人群东进时，其主体部分翻越帕米尔高原进入塔里木盆地。塔里木盆地中的察吾呼沟口、楼兰古墓沟等墓地的印欧人种遗骸即是这部分印欧人群的活动遗存，因此，东进塔里木盆地的印欧人群带来葡萄等农作物具有较大可能性。

真正明确记载葡萄酒在中国出现的文献，来自汉代司马迁的《史记》。公元前138年，张骞出使西域（汉代的西域主要指玉门关以西、昆仑山以北、天山以南、葱岭以东的广大区域），首次将中亚地区的葡萄种植及葡萄酒酿造技术带回中原。当张骞到达当时的西域时，发现西域很多地区，尤其是且末国、焉耆国、龟兹国、楼兰国、于阗国等地，已经掌握了源自中亚地区的葡萄种植和酿酒技艺。历经坎坷的张骞最终回到了故土，并一同带回了葡萄品种（欧亚种品种）与酿造技术，这在汉代宫廷贵族中迅速流行，葡萄酒成为皇亲国戚、达官贵人的珍品。

《汉书·西域传》记载种植葡萄和用葡萄酿酒的有：且末国、难兜国、罽宾国、大宛国。其中且末国地处今且末县境内车尔臣河上游。而在《新唐书·志·卷三十三》中记载："渡且末河，五百里至播仙镇，故且末国也。"《汉书·西域传》且末国条："且末国，王治且末城，去长安六千八百二十里。户二百三十，口千六百一十，胜兵三百二十人。辅国侯、左右将、译长各一人。西北至都护治所二千二百五十八里，北接尉犁，南至小宛可三日行。有蒲陶（葡萄）诸果。"

另外，《后汉书·列传·西域传》云："伊吾地宜五谷、桑麻、蒲萄。其北又有柳中，皆膏腴之地。"，伊吾即今哈密。

魏晋南北朝（公元220—589年）社会动荡，民族交融加剧，葡萄种植与葡萄酒酿造技术在北方地区得到进一步发展，葡萄酒发展也得以兴盛。根据《高昌张武顺等葡萄亩数及租酒帐》文书中来看，从事葡萄园和葡萄酒经营的人有地主、官吏、僧人和平民。其中僧人和法师经营的葡萄园比重最大，如大规模经营葡萄园5亩60步的抚军寺，储酒30斛，得酒11姓142斛，这不仅反映了这一时期的高昌寺院经济发达，也反映出当时酿酒技术先进和酿酒业兴盛。这一时期的诗歌中，如曹丕的《与吴质书》、庾信的《燕歌行》等，都有关于葡萄酒的描述，反映了葡萄酒在士人阶层中的流行。在南北朝时期的史学家、文学家魏收所著《魏书·列传》中记载到："焉耆国，在车师南，都员渠城，白山南七十里，汉时旧国也……国内凡有九城。国小人贫……婚姻略同华夏……文字与婆罗门同。俗事天神，并崇信佛法……气候寒，土田良沃……俗尚蒲萄酒，兼爱音乐。南去海十余里，有鱼盐蒲苇之饶。东去高昌九百里；西去龟兹九百里，皆沙碛；东南去瓜州二千二百里。"这段记载里明确提到，当时的焉耆不仅有盛产葡萄酒的历史，而且饮用葡萄酒已经成为当地人的一种风俗和时尚。

《十六国春秋别传·卷十·后凉录》中记载了后凉吕光（公元386—399年）"攻龟兹城时……入其城……家有蒲桃酒，或至千斛，经十年不败……"这说明在公元4世纪的东晋，葡萄已经在新疆南部一带种植了，从家有千斛来看，当时的种植规模很大。在6世纪的《齐民要术》中也记载了用埋葡萄藤过冬的种植法，这也说明当时在干燥寒冷地带已经有种植葡萄的经验了。

唐代（公元618—907年）是中国葡萄酒发展的鼎盛时期。在大唐鼎盛时期，西域诸城郭国不仅种植葡萄于田野，而且有栽培葡萄于城中者。范围广及我国今新疆维吾尔自治区的且末、焉耆、龟兹、轮台、库车、沙雅、拜城、阿克苏、新和、和田、吐鲁番、温宿、哈密等县市。其分布范围之广，种植葡萄与用葡萄酿酒风气之盛令人惊叹。由此，也可见古代新疆早期的园林业较集中在塔里木盆地，主要以葡萄而闻名于世。

《大唐西域记》中称焉耆国为阿耆尼国："东西六百余里，南北四百余里……土宜糜、黍、宿麦、香枣、蒲萄、梨、柰诸果。"即今新疆维吾尔自治区焉耆回族自治县，焉耆都城在今焉耆县四十里城子镇东面。

《大唐西域记》称龟兹国为屈支国："东西千余里，南北六百余里。国大都城周十七八里。宜糜、麦，有粳稻，出蒲萄、石榴、多梨、柰、桃、杏。"龟兹国即今新疆维吾尔自治区阿克苏地区库车县，都城为库车附近之匹郎旧城。龟兹国鼎盛时期其疆域包括今轮台、库车、沙雅、拜城、阿克苏、新和等县。

《隋书·西域》中记载种植葡萄和用葡萄酿酒的有：高昌国、于阗国。高昌国，位于今吐鲁番盆地，东西约300里，南北约500里。西汉时期原为车师前部地，称为高昌壁。前凉时期开始设立郡县，北凉至唐代则建立了城国。高昌故城在今吐鲁番市东约40千米处的哈拉和卓乡。《隋书·列传·西域》高昌国条中记载："高昌国者，则汉车师前王庭也，去敦煌十三日行。其境东西三百里，南北五百里，四面多大山……地多石碛，气候温暖，谷麦再熟，宜蚕，多五果……多蒲陶酒。"

根据新疆吐鲁番、古楼兰、尼雅附近出土的一些文物来看，2000年前，当地人就开始用木制的破碎挤压器，将葡萄压碎，放进陶器中进行自然发酵，然后用胶泥封口，埋于地窖中，数月后，取其清汁，便可饮用。当时我们的先辈们，就已经掌握了利用葡萄皮上的野生酵母来酿酒，而且还知道将葡萄酒埋在地下保持恒温、储藏成熟的方法。

在唐朝的时候，我国除了自然发酵的葡萄酒，还有葡萄蒸馏酒。据《本草纲目》记载"烧者，取葡萄数十斤，同大曲酿酢，取之甑蒸之，以器承其滴露，红色可爱。古者西域造之，唐时破高昌，始得其法"，而在《饮膳正要》中记载到"酒有数等，出哈喇火者最烈，西番者次之，平阳、太原者又次之"，可见中原的葡萄蒸馏酒达不到西域酒的酒精度。

丝绸之路的畅通带来了更加丰富的葡萄品种和先进的酿造技术，使葡萄酒的生产和消费达到了前所未有的规模。唐太宗李世民曾命人在长安城内种植葡萄，并亲自参与酿造。唐代《太平御览·果部·卷九》有记载："蒲萄酒，西域有之，前跟或有贡献，人皆不识。及破高昌，收马乳蒲萄实，於苑中种之，并得其酒法。太宗自损益造酒，为凡有八色，芳辛酷烈，味兼醍盎。既颁赐群臣，京师始识其味。"诗人王翰的《凉州词》中"葡萄美酒夜光杯，欲饮琵琶马上催"之句，生动展现了葡萄酒在边塞军人中的重要角色。此外，葡萄酒还被用于外交礼仪、宫廷庆典和医药等方面，成为大唐盛世文化生活的一部分。

宋元时期（公元960—1368年），葡萄酒继续在社会生活中占据一席之地。然而随着南宋政权偏安江南，葡萄种植区域逐渐南移，北方葡萄酒的辉煌有所减退。《证类本草》中讲到"（葡萄）今河东及近京州郡皆有之""今太原尚作此酒，或寄至都下，犹作葡萄香"。这里的河东即为今天山西及黄河河套地区。"并州苦寒，夏多雹、秋早霜、风土麤恶，饮食俭陋，大都不逮河朔者十七八。惟酒极醇酽，果实蒲萄之美，冠于四方。"到了元代，葡萄酒因其与蒙古族饮食习惯的契合，在政府及各级官员的支持和推动下，元代葡萄种植与葡萄酒酿造都达到了极盛状态，葡萄酒成为人们宴请、聚会、赠礼以及日常品饮中不可或缺的重要酒种，新疆更是成为优质葡萄酒的主产地。据记载，元代时葡萄酒的产地有西番（今天的甘肃、青海一带）、新疆吐鲁番以及今天的山西，其中最好的葡萄酒产自吐鲁番。元代宫廷医生忽思慧的《饮膳正要》中明确提到这一点。20世纪上半叶，德国中亚探险队在新疆吐鲁番地区发现了一批察合台汗国蒙古文乘驿文书，其中包括与征收葡萄酒税和运送葡萄酒有关的内容。《马可波罗游记》中也多有关于当时葡萄酒的记载，流传至今的元曲中亦有诸多对葡萄酒的吟咏。

根据这些史料记载并结合地理位置分析，古龟兹（今库车）和高昌（今吐鲁番）以及现在的焉耆盆地都在天山南麓一带的古丝绸之路新疆段的中路且互为毗邻，龟兹和高昌分别位于焉耆盆地的西面和东面。汉唐文献中记载的龟兹和高昌地区的葡萄酒之繁盛以及《魏书》中记载的焉耆盆地"俗尚蒲萄酒"，再加上2003年考古学家在吐鲁番洋海墓地的考古发掘中发现的2300年前的欧亚种葡萄枝条等史实和考古证据，都足以说明焉耆盆地及其周边地区在1500年以前，葡萄与葡萄酒就已经是当地的特色和优势产业。

进入明朝以后，因为迁都北京的影响以及社会节俭风气的推行，尽管西北地区仍有少量葡萄种植和葡萄酒生产，并且在很多区域葡萄酒的生产和饮用从未中断，但从全国整体角度而言葡萄酒的发展开始进入了衰退期。

3．中国近现代葡萄酒发展

清朝终末期至近代，中国的国力衰弱，随着西方列强的入侵和通商口岸的开放，西方葡萄酒开始进入中国市场。慈禧太后的御膳房采购清单中就有欧洲葡萄酒出现，从宫廷到民间，葡萄酒的消费逐渐重新兴起。同时，国内沿海地区也出现了第一批近现代葡萄酒生产企业。

中华人民共和国成立后，国家对葡萄酒产业进行了有计划的恢复和发展，开始引进酿酒品质更好的欧洲葡萄品种和酿造设备，初步建立起现代葡萄酒工业体系。随着改革开放的深入，外资葡萄酒企业与本土企业共同推动了中国葡萄酒产业的现代化进程。与此同时，科研机构加强了对本土适应性葡萄品种的改良与推广。至世纪之交，如蛇龙珠、龙眼以及新疆地区的和田红、木纳格、无核白等适应中国风土的优良品种都在中国展现出了独特的魅力。这一时期，中国葡萄酒市场呈现出多元化趋势，消费者对葡萄酒的认知和接受度显著提高。

21世纪以来，随着中国国力的不断提升，消费者从解决温饱问题逐步走向小康，对消费品的需求也在不断升级，以赤霞珠、西拉、霞多丽、贵人香以及近年来表现亮眼的马瑟兰等适应中国风土的葡萄酿制的葡萄酒广受欢迎，中国葡萄酒产业也进入快速发展阶段。一方面，以宁夏贺兰山东麓、新疆焉耆盆地、山东蓬莱、云南香格里拉等为代表的优质葡萄酒产区迅速崛起，凭借独特的风土条件和严格的品质控制，打造出了一批具有国际竞争力的优秀葡萄酒品牌及优质产品。另一方面，政府出台了一系列扶持政策，鼓励葡萄酒产业进行科技创新、品牌建设与市场拓展。中国葡萄酒在国际大赛中屡获殊荣，国际影响力不断提升。

第二节
现代美酒之乡——焉耆盆地

焉耆盆地产区不仅在中国葡萄酒发展史上有着极其重要的地位，且从古至今，葡萄酒的生产从未中断。虽然在大部分新疆以外的人看来，这里似乎有一段葡萄酒生产的空白期，新疆的葡萄酒好像突然从市场上消失了一阵子，但是其实在新疆本地，尤其是在塔里木盆地周边维吾尔族人民定居的地区，葡萄酒一直以另一个名字生生不息地传承着，这就是新疆非物质文化遗产——慕萨莱思。

1. 世界葡萄酒的活化石——慕萨莱思

慕萨莱思是南疆地区维吾尔人民生活传统中自酿的一种葡萄酒的音译名称，当地各族群众诙谐地称其为"没事来事"。慕萨莱思的酿制方法和我们普通的自酿葡萄酒有所不同。它使用新疆本土的和田红、木纳格等葡萄为原料，但并非直接发酵，而是先在锅上熬煮去除多余的水分。经过熬煮的浓缩葡萄汁在冷却后，再放入容器中进行发酵和酿造。在慕萨莱思的酿制过程中，还会在其中加入小豆蔻、枸杞、红花、肉苁蓉、藏红花、玫瑰花、丁香、桑葚、杏子甚至是鸽子血、羊肉糜、鹿茸等各种风味物质和营养物质，以增加慕萨莱思的风味及保健功能。因为酿制过程中加入的这些成分的配方并不固定，所以每家的慕萨莱思口味都有所不同，风味各异。在同一个村庄里，即使有上百户人家，也不会有一种滋味相同的慕萨莱思。这与酿酒人的年龄、性格、心情、境遇、爱好等全都有关，他们把自己的生命气质和个性风格完全融入了慕萨莱思中。

慕萨莱思是在新疆从未中断传承的地方特色饮品，但它更是从古至今葡萄酒从未在新疆消失的一种形态。如果你了解葡萄酒的发展史，就会发现，在葡萄酒被发明的中早期，人们为了酿造更为香甜的酒，已经开始将优质熟透的葡萄风干后浓缩葡萄汁，或者将葡萄汁煮沸浓缩后，然后再进行酿造，这样就可以得到有着浓郁蜂蜜风味和甜美口感的葡萄酒，这种珍馐在当时没有制糖作物的欧洲堪比蜂蜜，非常珍贵。如今塞浦路斯等国的特色葡萄酒以及我国山西清徐地区的"炼白"葡萄酒的生产中仍有类似的工艺。此外，古希腊的贵族还会在葡萄酒中加入松脂、海水以及各种香料，去增加风味的同时还可以提升葡萄酒的防腐性能，这与新疆的慕萨莱思的制作如出一辙。时至今日，慕萨莱思仍然深深地融入新疆人的生活之中，是各类欢庆活动中的常见身影，也是新疆文化的特色代表之一，在画家雷中峋的中国画《幸福脱贫奔小康》（图1-1）中，慕萨莱思便是人们表达欢庆的重要元素。

图1-1 畅饮慕萨莱思欢庆的人群

因此，慕萨莱思的存在，足以证明葡萄酒从诞生并传播到新疆之后，其加工、享用与发展从未中断。慕萨莱思是一种属于新疆的特殊葡萄酒，也是新疆人的历史传承。它是古代中国乃至世界葡萄酒的辉煌和现代工业化葡萄酒之间承前启后的文明和文化纽带，可谓是世界葡萄酒历史的活化石。

2．现代化规模化启动

除了慕萨莱思这种传统葡萄酒之外，新疆焉耆盆地现代葡萄酒同样伴随中国经济的发展而快步向前。

20世纪60年代中期，新疆生产建设兵团农业建设第二师1959年开始种植葡萄，1963年酿造葡萄酒，1965年建二十九团果酒厂，生产苹果酒、玫瑰酒等果露酒以及白葡萄酒。

1998年，焉耆县创立葡萄产业开发区，揭开焉耆盆地再次规模化发展现代化葡萄酒产业的序幕。

2000年，聘请葡萄种植专家杨兆勤、杨承时、车凤斌、潘明启等为产业技术顾问，杨兆勤于2004年首次在专业刊物发表文章提出焉耆盆地产区的概念。

2007年，和硕县农业产业结构调整，重点发展以酿酒葡萄为主的"红色"产业。

2008年，聘任知名酿酒顾问、北京农学院教授李德美担任葡萄产业园区顾问。

2009年，焉耆盆地葡萄酒产业进入快速发展期，焉耆回族自治县葡萄产业园区管理委员会成立，葡萄酒产业纳入经济发展规划，并首次承办了中国食品工业协会葡萄酒行业专家年会。同一年，一大批精品酒庄陆续出现。

2015年6月，巴州政府原则通过了《巴音郭楞蒙古自治州葡萄与葡萄酒产业发展规划（2013—2020）》。

2015年下半年，巴州葡萄酒产业发展局成立。

2017年5月，巴州葡萄酒协会成立。

2019年，中国国际酒业博览会上，焉耆盆地产区被授予"世界美酒特色产区"称号。

2021年9月，《自治州葡萄酒产业高质量发展实施方案》发布。

2022年，巴州葡萄酒协会进行了首次换届，并在7月举办了第一届葡萄酒产业发展大会并聘请了段长青、李德美等13位葡萄及葡萄酒行业专家作为焉耆盆地葡萄酒产业专家顾问。

自1998年焉耆盆地开始规模化种植现代酿酒葡萄以来（图1-2），当地政府和企业就敏锐地意识到这里的风土条件与世界知名葡萄酒产区的相似之处，于是决定将葡萄酒产业作为区域经济发展的重要方向，第一批现代化葡萄酒企业如乡都酒业、瑞峰、芳香庄园等相继建立，而经过几十年的探索，这里的葡萄酒人发现，焉耆盆地产区不仅非常适合生产优质的葡萄酒，而且这里有着不同于世界上任何一个产区的风土特点，他们也逐步发展并探索出了属于焉耆盆地产区的风味秘诀。

这一时期，焉耆盆地涌现出了一批现代化葡萄酒企业，极大地丰富了焉耆盆地产区的影响力，除了乡都之外，瑞峰、芳香、焉耆红庄、天塞、中菲等一批代表性的葡萄酒品牌依次站稳脚跟。

图 1-2 焉耆盆地产区酒庄现代化规模生产

3. 颇具规模的焉耆盆地产区

随着国家及自治区"十三五"及"十四五"规划的实施,焉耆盆地葡萄酒产业得到了新疆维吾尔自治区及巴音郭楞蒙古自治州各级政府的高度重视和大力扶持。政策层面,一系列旨在推动葡萄酒产业高质量发展的举措相继出台,包括土地使用优惠、税收减免、技术研发支持、品牌推广补贴等,这些举措为产区发展提供了强大的政策保障。

同时,焉耆盆地葡萄酒产业积极响应"一带一路"倡议,借助丝绸之路经济带的地理位置优势,努力打造丝绸之路经济带上优质、高端葡萄酒的核心产区,提升国际影响力和市场竞争力。

如今,焉耆盆地葡萄酒凭借其鲜明的地域特色和一贯的高品质赢得了市场青睐。数十家葡萄酒企业林立产区,比邻博斯腾湖的四个特色小产区逐渐成型,产区内葡萄品种多样,既有国际主流的赤霞珠、美乐(又名梅洛)、西拉、霞多丽、雷司令等,也有适应本地风土的马瑟兰、贵人香等特色品种,还有和田红、木纳格以及本地人称为土葡萄的不知名葡萄品种。葡萄酒风格独特,以其深邃的颜色、饱满的果香、良好的结构感、适宜的酸度和醇厚的单宁等特点为人津津乐道。乡都、瑞峰、芳香、天塞、中菲、国菲(瑞泰青林）、馨玉、轩言、元森、米澜天使、西丹、冠龙、合硕特、贵基等为代表的知名葡萄酒品牌在本地扎根并辐射全国，甚至走出国门。多款葡萄酒多次在国内外国际大奖赛中获奖，得到了业界的广泛信任和市场的充分认可。

随着市场美誉度和品牌知名度的不断提升，焉耆盆地葡萄酒的品牌影响力逐步显现。自2009年以来，焉耆盆地出产的葡萄酒，在国内外权威葡萄酒赛事上拿到的奖项已经超过1300项，占新疆获奖总数的60%以上。焉耆盆地有7家酒庄通过"中国葡萄酒酒庄酒"商标认证，占整个新疆的70%。2017年，焉耆回族自治县被农业部评定为"全国有机农业（酿酒葡萄）示范基地"。在新疆乃至全国葡萄酒产业格局中，焉耆盆地都是一支不容忽视的力量，被认为是最具潜力的中国葡萄酒产区之一。

2015年，"和硕葡萄酒"获得国家地理标志保护产品认证（图1-3）；2024年，国家知识产权局发布公告，"焉耆盆地葡萄酒"正式核准注册为地理标志证明商标（图1-4）。如今的焉耆盆地葡萄酒产业已经颇具规模，图1-5所示为焉耆盆地产区葡萄园的生长期。

图1-3 "和硕葡萄酒"——国家地理标志保护产品

图1-4 "焉耆盆地葡萄酒"地理标志证明商标

同时，近年来中国共产党巴音郭楞蒙古自治州委员会和巴音郭楞蒙古自治州人民政府出台一系列产业发展政策，如《巴州焉耆盆地葡萄酒产业高质量发展实施方案》《巴州支持葡萄酒产业高质量发展政策措施》《巴州关于促进焉耆盆地葡萄酒市场销售的措施》等。焉耆盆地葡萄酒产业走上政府和产业协会双轮驱动的高质量发展之路，州政府从基地建设、产区打造、品牌效应、市场开拓等方面予以政策和资金支持，持续推进焉耆盆地葡萄酒产业"高标准管控、高品质推进、高质量发展"，使焉耆盆地葡萄酒再次成为巴州的特色优势产业之一。

图 1-5 生长期的焉耆盆地产区葡萄园

第三节

焉耆盆地产区的未来之路

面对中国葡萄酒市场的产量降低和品质提升,以及酒类消费升级与国际化趋势,焉耆盆地葡萄酒产区将继续深化产业结构调整,提升产品质量,强化品牌建设,优化市场营销策略,倾全州之力打造中国精品葡萄酒之都。预计未来将在以下几个方面着力发展:

(1)**科研创新** 加大葡萄种植与酿造技术的研发力度,培育更多适应本地风土的优良品种,提升酿造工艺水平,确保产品质量的稳定性和一致性。

(2)**绿色可持续发展** 推行更加环保的葡萄种植方式,如有机种植、生物动力法等,保护生态环境,实现产区的可持续发展。

(3)**葡萄酒+文化旅游融合** 深度开发葡萄酒文化旅游资源,打造集观光、品鉴、体验、教育于一体的葡萄酒旅游目的地,吸引更多游客前往产区,有效放大葡萄酒产业的集聚效应和辐射效应,增强产区吸引力。目前,7家酒庄被评为自治州级工业旅游示范基地、

1家酒庄被评为自治区特色博物馆、1家酒庄被评为自治区工业旅游示范基地、4家酒庄被授予自治区休闲旅游特色精品葡萄酒庄、3条线路入选自治区葡萄酒文化旅游精品线路。

（4）**数字化转型** 利用互联网、大数据、人工智能等技术手段，提升产业链各环节的信息化水平，精准对接消费者需求，提高营销效率。

焉耆盆地葡萄酒产区从无到有，经过二十多年的发展，已成为中国葡萄酒产业的一颗璀璨明珠。依托优越的风土条件、政策支持、品牌建设以及市场战略，焉耆盆地葡萄酒正稳步走向世界舞台，为中国葡萄酒赢得国际声誉，也为当地经济社会发展注入了强大动力。随着持续的产业升级与市场开拓，焉耆盆地葡萄酒产区有望在未来扮演更为重要的角色，成为乡村振兴的践行者、有机葡萄酒供应商和生态优化的排头兵，以建设世界级的特色葡萄酒明星产区、酒文旅融合的示范区为目标，成为中国乃至全球葡萄酒版图上的重要一极。

郭军 摄

第二章

这里的葡萄
　　这里的琼浆

丰富多彩的葡萄品种

在焉耆盆地产区

酿造了丰富多彩的葡萄酒

第一节

焉耆盆地产区葡萄品种概览

新疆是我国有据可查的最早种植葡萄并酿造葡萄酒的地区，如今这里鲜食葡萄及酿酒葡萄均有丰富的品种。公元前138年，汉代使节张骞出使西域引入欧亚种葡萄，再经河西走廊传至中原地区。西域古三十六国种植葡萄和酿造葡萄酒的历史，有着丰富的文献记载，不过关于当时的葡萄品种，因为时间原因以及时代认知的局限性，已经无从考证。

自20世纪90年代以来，新疆开始着力进行葡萄种系的研究和筛选，并发现当地的很多传统葡萄品种，如和田红、无核白、木纳格、龙眼等，与欧洲的葡萄同属于欧亚种系，有些甚至与欧洲的一些酿酒葡萄是同源同种，这也充分证明了新疆葡萄的发展与世界保持同步。经过几十年的不断尝试、培育和研究，新疆焉耆盆地产区已经找到了与这里的风土条件更契合的品种，如今已经初具规模，部分品种展现出了非常好的生长状态和酿酒潜力（图2-1）。

图 2-1 天山山脉脚下的葡萄园

焉耆盆地产区目前的酿酒葡萄主栽品种中，红葡萄品种有赤霞珠、马瑟兰、西拉、品丽珠、美乐、马尔贝克、蛇龙珠、玫瑰香、沙别拉维、歌海娜等；白葡萄品种有霞多丽、雷司令、贵人香、威代尔、白水晶等。其中以赤霞珠、西拉、马瑟兰、品丽珠、霞多丽、雷司令等品种表现最佳，许多代表酒款都先后在国内外赛事中获得过重量级奖项。

赤霞珠
（Cabernet Sauvignon）

  赤霞珠是世界栽培面积最大的红葡萄品种，具有酿造顶级葡萄酒的潜力，被誉为"红葡萄酒品种之王"，它是传统的酿造红葡萄酒的优良品种。

  这个品种适宜在温暖的砾石土质中生长，其特征为粒小、皮厚、中晚熟、抗病性强。同时因为春天发芽比较晚，春寒霜冻也很难影响到它的生长，因此产量稳定性好，并且在焉耆盆地产区成熟度高，表现出良好的品质，被广泛种植。

  焉耆盆地产区赤霞珠酿造的酒，颜色深，果香充沛，圆润饱满，醇厚平衡，有黑醋栗和黑樱桃（略带柿子椒、薄荷、雪松）的味道，具有高单宁和高酸度。陈年后有烟熏、香草、咖啡的香气，回味悠长。

  品种代表酒庄：绝大部分酒庄都种植和酿造赤霞珠。

西拉
（Syrah/Shiraz）

西拉是古老的酿酒葡萄品种，原产法国罗讷河谷，是法国罗讷河谷和澳大利亚葡萄酒的代表品种之一。20世纪80年代被引入中国，现在山东、新疆、宁夏等葡萄酒主要产区都有种植。

西拉属于中晚熟品种，抗病力、结实率、生长势较强，果穗和果粒大小中等，呈紫黑色，果皮厚度适中，柔软多汁，酸甜适宜。西拉偏好温暖干燥的气候以及富含砾石、通透性好的土壤，其酿造的葡萄酒颜色深、单宁突出、结构紧实、抗氧化能力强，适宜于陈年。具有辛辣、香料、野性、黑浆果和巧克力等气息。

焉耆盆地产区炎热干燥，日照充足，风土条件与澳大利亚有一定的相似性，西拉无论是单品种酿造还是混酿，都具有极佳的表现。

品种代表酒庄：天塞酒庄、中菲酒庄、国菲酒庄、乡都酒庄、馨玉酒庄。

马瑟兰
（Marselan）

马瑟兰是1961年在法国由非常著名的葡萄品种赤霞珠和黑歌海娜人工杂交而成的品种。中晚熟，能有效对抗白粉病、螨虫、灰霉病和落果病。其性状优异、高产、抗病，穗大、颗粒小，酿出的酒芳香浓郁、颜色深沉、单宁柔顺，深具陈年潜力。

2001年马瑟兰首次引入中国种植，位于河北怀来县中法庄园。2004年，中粮和法国合作的中粮长城阿海威葡萄苗木项目，在蓬莱再次引进马瑟兰苗木。2005年起，甘肃、河北昌黎、北京房山、北京密云、山西太谷、宁夏贺兰山东麓以及新疆焉耆盆地等葡萄酒产区，陆续种植马瑟兰。目前，马瑟兰在国内种植4000多亩（1亩≈666.7平方米，余同），新疆焉耆盆地、甘肃河西走廊、宁夏贺兰山东麓和河北怀来等产区都有广泛种植。焉耆盆地产区的马瑟兰得益于较大的昼夜温差和贫瘠的土地，酿成的葡萄酒在展现出很好的果味的同时，还拥有不错的平衡感和结构感，已经成为该产区的热点品种之一。

品种代表酒庄：天塞酒庄、中菲酒庄、乡都酒庄。

品丽珠
（Cabernet Franc）

品丽珠是欧洲古老的酿酒葡萄品种，20世纪初引入中国，现在中国葡萄酒主产区都有种植。

品丽珠果实中等，相比赤霞珠，其果粒稍大，果皮较薄，且酸度较低。该品种的成熟时间适中，容易完全成熟。品丽珠的生命力十分旺盛，比赤霞珠的耐寒性更强，适合种植于石灰质黏土中或者排水条件较好的沙质土壤里。

在焉耆盆地产区，品丽珠9月初就可以完全成熟，相比赤霞珠，品丽珠酿酒的颜色稍浅，紫色调明显，酒体清新柔和，带有丰富的红色水果（覆盆子、红樱桃、红李子、草莓）香气。酿酒师可以用其酿造单品种酒、桃红酒，或与赤霞珠、西拉等品种调配，以带来丰富的果香。乡都酒庄采用品丽珠并运用二氧化碳浸渍法生产的一款葡萄酒，极具"博若莱"新酒风格，是该产区最早上市的干红葡萄酒，个性十足。

品种代表酒庄：乡都酒庄。

美乐
（Merlot）

美乐还常被翻译为梅洛、梅鹿辄、梅尔诺，原产法国波尔多。20世纪80年代引入我国，在河北、山东、甘肃、新疆焉耆盆地均有栽培。其果粒圆形，中等大小，着生紧密，呈紫黑色，果粉厚，果皮中等厚度，果肉多汁。美乐葡萄味道酸甜，有药草、李子、覆盆子和黑莓等香气。

美乐比赤霞珠早熟，皮薄多汁，单宁含量低，在焉耆盆地可以达到很好的成熟度。美乐经常与赤霞珠混酿，以增加果味，柔和酒体。单品种的美乐所酿造的葡萄酒呈深紫红色，甜美柔和，口感丝滑，有浓郁的黑莓、李子、覆盆子等果味，经橡木桶陈年的美乐有时会带有香料和动物的气息。焉耆盆地种植美乐的历史也较早，并且经过了多家酒庄的检验，精心种植的美乐酿造的葡萄酒可以达到很好的果味和浓郁度。

品种代表酒庄：中菲酒庄、天塞酒庄、馨玉酒庄。

蛇龙珠
（Cabernet Gernischt）

蛇龙珠是欧亚种，原产法国，是法国的古老品种之一。与赤霞珠、品丽珠是姊妹品种。1892年引入中国，现在全国很多地区都有种植。蛇龙珠在我国经过100多年的适应性种植和选育，适应性和抗逆性较强，着色良好。从DNA序列判断，其与佳美娜葡萄高度同源。蛇龙珠也经常被认为是中国葡萄酒个性化的代表品种之一。

蛇龙珠对气候的适应性较强，所酿之酒颜色呈宝石红色，酒体丰满，柔和爽口，有一定力量感。焉耆盆地产区的生长季昼夜温差大，非常适合较晚熟的品种，可以让蛇龙珠葡萄较晚进入结果期。因为良好的光照和积温，蛇龙珠在焉耆盆地产量较高，同时具备不错的品质，被证明是这里酿造高级红葡萄酒的很好选择。

品种代表酒庄：冠颐酒庄。

霞多丽
（Chardonnay）

霞多丽是一种相对早熟的品种，其原产法国勃艮第，广泛种植于全世界几乎所有酿酒国家，20世纪由匈牙利引入中国，1951年正式出现在中文书籍《葡萄栽培法》记载中，是目前全世界最受欢迎的酿酒葡萄之一。

霞多丽的魅力在于其多变的风格和广泛的适应性。其可酿造干酒、甜酒、气泡酒等多种类型的酒，不同风格的葡萄酒给予酿酒师极大的发挥空间，又被昵称为"酿酒师品种"。

焉耆盆地的霞多丽丰富多彩，不同的酒庄有不同的风格，既有清新爽净、果味浓郁的霞多丽，也有经过橡木桶陈酿后，醇厚丰满、层次感强的霞多丽。百变女神般的霞多丽，等待你去尝试和探索。

品种代表酒庄：天塞酒庄、中菲酒庄、国菲酒庄、轩言酒庄、馨玉酒庄等。

雷司令（Riesling）

雷司令，德国的代表品种，对土壤和所在种植区域的小环境的要求很高，风土表现力强。在德国，雷司令葡萄成熟缓慢，采摘时间晚，有的甚至最晚可以在1月份采摘，可用来酿造冰酒。

雷司令葡萄酿造的酒风格多样，从干酒到甜酒，从优质酒、贵腐酒到顶级冰酒，各种级别的酒都能酿造。雷司令是一种富于变化的葡萄，在酒杯中呈现悦人的光泽和丰富的香味，涵盖桃子、柑橘的香味、异域水果的香味、花香和蜂蜜的甜香。

焉耆产区全年平均气温不高，且生长季阳光充沛，雷司令可以很好地成熟，如今在和硕县有部分雷司令种植，同时酿造了干酒和甜酒，这些酒表现出了丰富的花香和蜜香。

品种代表酒庄：国菲酒庄、芳香酒庄。

贵人香
（Italian Riesling）

贵人香，别名意斯林，此品种与雷司令品种无关，很可能原产于意大利，于1892年首次引入中国。贵人香葡萄生长势中等，中晚熟品种，适应性强，各地栽培均表现较好，抗白腐病能力较强，不裂果，无日烧。在焉耆盆地，如今主要在和硕等小产区有部分种植，大部分于9月初成熟，且大部分用于单酿。

贵人香葡萄可酿造多种风格的酒，在中国多以单品种为主，从干白、半干白、甜白，到冰酒（甘肃河西走廊），虽然呈现方式不同，不过大多有较好的表现。它酿成的酒，禾秆黄色，有悦人的果香和酒香，酸度活泼，酒体平衡、完整，回味深长。

品种代表酒庄：冠龙酒庄、冠颐酒庄。

玫瑰香
（Muscat）

玫瑰香是一种果粒大的鲜食和酿酒兼用的葡萄品种。未熟透时是浅浅的紫色，就像玫瑰花瓣一样，口感微酸带甜。而完全成熟后却又紫中带黑，入口便有一种玫瑰的沁香醉人心脾，甜而不腻。玫瑰香不仅可以用于酿造葡萄酒，也是著名的鲜食葡萄之一。其肉软多汁，便于运输和贮藏，搬运时果粒不易脱落。麝香味浓、色泽诱人，深受消费者喜爱。

玫瑰香属于中晚熟品种，其植株生长中等，产量较大。该品种对肥水和管理技术有较高要求。在肥水充足且栽培管理措施得当的条件下，其产量高、品质好。反之，容易导致落花落果、大小粒不均、穗松散和病害发生，应采取花前摘心、掐穗尖等技术措施保证品质。该品种具有中等抗病能力，适宜棚架或篱架栽培，并采用中、短梢修剪。在焉耆盆地产区，大多采用深耕施生物质底肥和水肥一体化的方式进行田间管理，收到了较好的效果，果实品质较高，可以酿造出非常芬芳的葡萄酒。在焉耆盆地不仅会使用玫瑰香单独酿造，还经常和贵人香等其他品种混合酿造。

品种代表酒庄：乡都酒庄。

第二节

焉耆盆地产区主要葡萄酒风格类型

葡萄酒的生产地区遍布世界各地，普遍来说，在南北纬30°～50°的地理范围都可以生产葡萄酒。这个范围覆盖面极其广泛，但是即使在相同纬度下，因为地形地貌、气候条件风格的千变万化，不同地区适合生产的葡萄酒也有很大区别。

世界上较大规模种植和使用的酿酒葡萄有数千种之多，其品种特性各不相同，风味特征千变万化，而且酿造葡萄酒的技术多种多样，这些共同造就了葡萄酒多样化的风格特征。想要完全了解每一个产区、每一种葡萄、每一家生产者、每一瓶酒的风味特征几乎是每一个葡萄酒爱好者不可能完成的终极挑战。因此，我们要研究葡萄酒的风格类型，必须先确定其分类标准。

1. 焉耆盆地葡萄酒的常见分类

焉耆盆地葡萄酒的常见分类见表2-1。

表2-1　焉耆盆地葡萄酒的常见分类表

分类原则	类别
按颜色分类	白葡萄酒、桃红葡萄酒、红葡萄酒
按甜度分类	干葡萄酒、半干葡萄酒、半甜葡萄酒、甜葡萄酒
按原料品种分类	单品种葡萄酒、混酿葡萄酒
按酿造年份分类	年份葡萄酒、非年份葡萄酒
按陈酿风格分类	新鲜型葡萄酒、陈酿型葡萄酒
按是否含二氧化碳分类	静止葡萄酒、起泡葡萄酒

由此可见，葡萄酒的类型是可以按照很多标准进行区分的。如果按照中华人民共和国国家标准GB/T 15037—2006《葡萄酒》中的标准对葡萄酒进行分类，可以细化到很多种类，其中依照甜度和颜色进行的分类在市场中最为常用。

（1）干葡萄酒是指含糖（以葡萄汁计）小于或等于4克/升的葡萄酒，或者总糖含量不大于9克/升且总糖与总酸（以酒石酸计）的差值小于或等于2克/升的葡萄酒。

（2）甜葡萄酒是指含糖大于45克/升的葡萄酒。

（3）含糖量数值介于干和甜之间的葡萄酒称为半干葡萄酒［含糖量4～12克/升］或半甜葡萄酒［含糖量12～45克/升］。

红葡萄酒和白葡萄酒主要是以色泽进行分类，如果颜色为近似无色或者微黄带绿、浅黄、禾秆黄、金黄色的葡萄酒即为白葡萄酒；而颜色为紫红、深红、宝石红、红微带棕色、棕红色的葡萄酒即为红葡萄酒。桃红酒的颜色介于两者之间，一般呈现桃红、淡玫瑰红或者浅红色。

根据以上国家标准对葡萄酒的分类，我们可以从感官上简单地进行区分：

（1）颜色为红色系且口感不甜的葡萄酒——干红。

（2）颜色为红色系且口感有明显甜味的葡萄酒——甜红。

（3）颜色为黄色系且口感不甜的葡萄酒——干白。

（4）颜色为黄色系且口感有明显甜味的葡萄酒——甜白。

（5）颜色粉红且口感不甜的葡萄酒——干桃红。

（6）颜色粉红且口感甜味明显的葡萄酒——甜桃红。

这种分类中的颜色来源于葡萄皮的颜色，如果采用红葡萄酿造，并且萃取葡萄皮中非常健康又漂亮的花青素等花色苷，就可以生产出颜色为红色和桃红色的葡萄酒，这些酒分别被称为红葡萄酒和桃红葡萄酒。红葡萄酒是中国最受欢迎的葡萄酒类型，而桃红酒颜色浪漫，大多口感清新，香气可爱，深受年轻人群的喜爱。

如果采用白葡萄品种进行酿造，由于这些葡萄皮中没有明显的花青素存在，酿出的葡萄酒大多呈现浅黄色或者黄色。也可以采用红葡萄酿造但是不萃取葡萄皮中的颜色，或者在酿造后再采用脱色工艺进行处理，这样也可以得到白葡萄酒。

焉耆盆地葡萄酒风格非常多样，最常见的类型就是干红葡萄酒，其中赤霞珠酿造的干红葡萄酒最为常见，它们大多香气奔放，充满蓝莓、桑葚香气，还带有丝许薄荷叶的清香，颜色深邃无比，口感浓郁强壮，有着成熟蓝莓、李子等水果风味，具有明显的结构感。单宁所带来的收敛感并不会十分强烈，但有结构感，酸味的呈现不突兀。回味中常常出现明显的甜香感和橡木桶带来的香草和烟熏香气。

除了赤霞珠干红，焉耆盆地产区生产的品丽珠干红葡萄酒、西拉干红葡萄酒、马瑟兰干红葡萄酒等也非常常见。

焉耆盆地产区最常见的干白葡萄酒是霞多丽酿造的干白葡萄酒，常呈现出浓郁的桃子和菠萝等热带水果香气，口感平衡浓郁，还透着一些清爽感，很多优质产品回味中充满香草的甜美感。

除了霞多丽干白葡萄酒，雷司令干白葡萄酒也较为常见，其突出的清爽感在焉耆盆地产区尤为明显，杏子、白花的香气表现与霞多丽干白葡萄酒有着明显的不同，口感不仅清爽感明显，还常伴随着一点点的矿物质和烟熏感。

焉耆盆地产区除了干红葡萄酒与干白葡萄酒外，甜葡萄酒的品质也非常出色，尤其是贵人香及玫瑰香混酿的甜白葡萄酒，有着扑面而来的芬芳感，浓郁的桃子、柑橘花、荔枝香气诱人无比，口感甜美中不缺清爽，回味充满蜂蜜、苹果干的香气，广受好评。

除此以外还有一些较为特殊的葡萄酒类型如下：

（1）带有明显气泡的葡萄酒（国标定义为20℃时瓶中二氧化碳压力大于或等于0.05兆帕）——起泡酒。

（2）向葡萄酒中加入白兰地而得到的高度葡萄酒——加强酒。

（3）用葡萄酒蒸馏而得到的烈酒——白兰地。

起泡酒、加强酒以及白兰地在焉耆盆地产区并非最常见产品，但是在这片神奇的产区，也孕育出了很多高品质和高性价比产品，尤其是加强酒及白兰地，很多产品的品质不输世界一线产品。

2．焉耆盆地葡萄酒的味型分类

葡萄酒除了可以按照国标中规范的颜色、甜度等进行分类，还可以按照口感味型进行分类。

在这里我们推荐广大读者参考《中国餐酒搭配师》行业认证教程中对于葡萄酒味型的分类，这套味型体系从口感出发，贴近生活，方便使用，有利于你建立葡萄酒世界的口味认知，也方便在日常生活中选择、品鉴葡萄酒，也能更方便地进行餐酒搭配。

在这套味型体系中，我们将分别对静止型白葡萄酒、静止型红葡萄酒和起泡酒进行分类认知学习。

（1）白葡萄酒典型味型分类

①高酸清爽型：此类型的白葡萄酒典型特征是具有非常清爽的口感，而且口腔生津感受强烈，回味有明显的酸爽感觉，在口感中常出现柠檬、柑橘类香气，冰镇后尤为明显。高酸清爽型味型的典型代表包括德国雷司令干白、意大利灰皮诺、勃艮第北部夏布利。焉耆盆地生产的雷司令干白很多属于此种味型。

焉耆盆地产区高酸清爽型白葡萄酒推荐：芳香庄园尕亚雷司令干白。

②成熟芬芳型：此类型白葡萄酒不仅带有较为清新的口感，而且还带有浓郁的成熟水果风味，香气中桃子或者植物性的气味相当突出，回味仍然带有酸爽感，但同时也有成

熟的果味回味。这种味型的典型代表是新西兰长相思、法国阿尔萨斯雷司令等。焉耆盆地生产的霞多丽干白葡萄酒大多属于此种味型。

焉耆盆地产区成熟芬芳型白葡萄酒推荐：天塞精选霞多丽干白葡萄酒、中菲干杯干白葡萄酒。

③复杂饱满型：此类型的白葡萄酒不同于前两种的风格，这类葡萄酒往往有着相对浓郁的口感，风味表现多维度且富有变化，而且经常伴有明显的奶油爆米花风味，香气中弥漫着水蜜桃、成熟杏子的香味，回味悠长且带有轻微香甜感，但口感并没有明显甜味。这种风味典型代表有法国波尔多格拉芙、法国勃艮第高品质干白葡萄酒等。焉耆盆地生产的部分高品质霞多丽干白葡萄酒符合这一味型特征。

焉耆盆地产区复杂饱满型白葡萄酒推荐：天塞珍藏霞多丽干白葡萄酒、国菲西拉干白葡萄酒。

④酸甜可口型：此种味型的白葡萄酒在中国颇受欢迎，口感中酸甜交融，但并不腻口，回味甜美带着清爽感，大多芬芳且简单易饮。此类型最典型代表包括德国半甜型雷司令、澳大利亚半甜型莫斯卡托等。此种味型的葡萄酒在全国范围广受欢迎，焉耆盆地生产很多此味型的优质产品，尤其是贵人香和玫瑰香所酿造的小甜水风格葡萄酒市场表现非常突出。

焉耆盆地产区酸甜可口型白葡萄酒推荐：国菲酒庄雷司令白葡萄酒、其叶蓁蓁2022雷司令白葡萄酒、佰年庄霞多丽贵人香半干葡萄酒。

⑤甜美浓郁型：此种味型白葡萄酒往往有着非同一般的甜美，口感浓郁，强烈的甜美感给人很大的满足感。这类葡萄酒需要充分冰镇才不会感觉腻口，香气中带有葡萄干、杏干和果酱等甜美风味。这种类型的典型代表有法国苏玳贵腐酒、匈牙利托卡伊贵腐酒、希腊圣酒、中国甘肃和辽宁生产的冰酒等。焉耆盆地生产的此味型葡萄酒相对较少，不过也有部分酒庄在生产一些使用迟采的贵人香和霞多丽葡萄单独或者混合酿造的甜白，同样值得尝试。

焉耆盆地产区甜美浓郁型白葡萄酒推荐：乡都纯真年代甜白葡萄酒、中菲威代尔迟摘甜白葡萄酒。

（2）红葡萄酒典型味型分类

①清新果味型：此种味型的红葡萄酒往往呈现出清新可爱的风格，果味清新，虽然没有很多香气变化，但是非常容易入口。这种味型的典型代表如法国博若莱新酒、西班牙北部入门级歌海娜等。焉耆盆地产区也生产很多此类型干红葡萄酒，尤其是经过二氧化碳浸渍工艺生产的产品个性鲜明，广受市场好评。

焉耆盆地产区清新果味型红葡萄酒推荐：乡都县花干红葡萄酒、天塞生肖红葡萄酒、中菲干杯干红葡萄酒。

②干爽平衡型：此种味型的红葡萄酒在法国、意大利等传统葡萄酒中很常见，酸度、果味、回味等单项特点虽不突出，但也不会薄弱，往往还带有一些单宁的收敛感，整体呈现出耐喝且平衡的感觉。此种味型的典型代表如法国波尔多大区、意大利经典奇安蒂、云南香格里拉赤霞珠等。焉耆盆地生产的蛇龙珠干红葡萄酒很多都是此种味型特征，平衡中透着优雅，果香下带着结构感。

焉耆盆地产区干爽平衡型红葡萄酒推荐：冠颐蛇龙珠干红葡萄酒、乡都安东尼品丽珠干红葡萄酒、中菲酒庄马瑟兰干红葡萄酒、兵二十四雪韵精选干红葡萄酒。

③成熟甜香型：此种味型的红葡萄酒在气候比较温暖的产区很常见，往往有着浓郁的酒体和成熟甜美的果味，经常会出现明显香料气息，酸度不突出，口感厚重，单宁的收敛感一般不突兀，回味中有着熟透水果的甜美风味。此味型典型代表如澳大利亚西拉子、意大利黑珍珠、新疆伊犁河谷产区西拉等。焉耆盆地最常见的干红味型就是成熟甜香型，这里的气候和风土造就了这种浓郁甜美的果味呈现，无论西拉干红葡萄酒还是很多赤霞珠干红葡萄酒，都展现出了非常受市场欢迎的成熟甜香型的味型特征，而且焉耆盆地的此味型葡萄酒相对其他产区，往往还有着很高的性价比。

焉耆盆地产区成熟甜香型红葡萄酒推荐：中菲酒庄西拉干红葡萄酒、乡都金贝纳系列干红葡萄酒、天塞精选西拉干红葡萄酒。

④强劲有力型：此种味型的红葡萄酒口感霸道强势，经常有着强劲的味觉特征，单宁的收敛感明显，口腔中有强烈的支撑感觉，果味一般不会过分甜腻，回味大多持久。此种味型典型代表如意大利巴罗洛、美国纳帕赤霞珠等。

焉耆盆地产区强劲有力型红葡萄酒推荐：乡都安东尼赤霞珠干红葡萄酒、天塞精选赤霞珠干红葡萄酒、中菲尊享赤霞珠干红葡萄酒、冠颐橡木桶蛇龙珠干红葡萄酒、合硕特禅影赤霞珠干红葡萄酒。

⑤复杂宏大型：此种味型的红葡萄酒需要时间让其绽放，醒酒过程中会呈现出丰富的风味层次，不仅耐喝而且回味无穷，整体结构没有明显的缺陷短板，非常适合细细品味。此种味型典型代表如勃艮第特级园、波尔多列级名庄、智利顶级赤霞珠等。焉耆盆地产区几乎每家优质酒庄都会精心酿造一些具备强劲有力型味型特征或者复杂宏大型味型特征的优质葡萄酒，很多出品具有很高的品质，并在世界各种权威比赛中屡获殊荣。

焉耆盆地产区复杂宏大型红葡萄酒推荐：乡都典藏干红葡萄酒、中菲酒庄珍藏马瑟兰干红葡萄酒、瑞峰红赤霞珠干红葡萄酒、天塞珍藏赤霞珠干红葡萄酒。

（3）起泡酒典型味型分类

①清爽易饮型：此种味型起泡酒呈现出清爽清新的感觉，没有明显甜感，香气以轻

盈花香果味为主，价格大多亲民。典型代表有德国塞克特和澳大利亚干型麝香起泡酒等。

②干爽复杂型：此种味型起泡酒因为在传统瓶中经过较长时间的二次发酵生产，往往带有明显的酵母、烤面包风味，没有明显的甜味，口感清爽且风味复杂。此味型代表有法国香槟、西班牙卡瓦和南非传统法起泡酒等。

③甜美芬芳型：此种味型起泡酒属于相当容易入门的类型，香气甜美芬芳，口感香甜易饮，香气中荔枝等热带水果的风味和蜜糖味的口感相得益彰，风味并不复杂但老少皆宜。意大利阿斯蒂起泡酒是此味型的典型代表。

焉耆盆地起泡酒的产量相对较小，不过各种味型的起泡酒也不鲜见，这些都为普通红、白葡萄酒提供了很好的市场补充，无论是作为庆贺用酒还是餐前开胃，都非常合适。

焉耆盆地产区起泡葡萄酒推荐：天塞起泡葡萄酒。

3. 焉耆盆地产区葡萄酒风格共性

虽然焉耆盆地产区风土多变，其葡萄酒风格和味型分类也非常丰富，但这片土地上的葡萄酒因为生长在同一片天地之间，也展现出一些产区共性，让其得以立足于世界知名葡萄酒产区之林。

焉耆盆地产区酿造的红葡萄酒，颜色深邃，果香充沛，酒体醇厚又平衡，单宁紧致且细腻，活泼又有力，风味纯净，具陈年潜力。

焉耆盆地产区酿造的白葡萄酒，年轻时就带有轻微的金色，酸度适中不刺激，花香果香很馥郁，入口圆润又协调，爽脆之中享纯净。

第三节

焉耆盆地美酒的生产酿造

葡萄酒酿造自古有之，但随着工业化和现代化水平的不断提升，葡萄酒酿造不仅是大自然的馈赠，更是葡萄园的种植者和酒庄的酿造者的智慧结晶与理念体现。如今，我们已经可以通过各种更先进的酿造工艺、更精准的节点控制，以及更多元化的理念和技术，生产出丰富多样的葡萄酒。

1. 葡萄酒酿造基本知识

葡萄酒之所以被称为酒，是因为其含有酒精，一般常见的葡萄酒的酒精度为7%~16%vol，这些酒精并非人为添加，而是来源于葡萄果汁中的天然糖分，经由酵母通过发酵工艺转化而得，一般情况下，每18克左右的糖分可以转化为1%vol的酒精浓度。

酵母是一种微生物，其摄入糖分并将其转化为酒精的同时，还会产出二氧化碳气体和热量，同时还会转化出各类风味物质分子。不同种类的酵母所能转化出的风味物质不尽相同。因此，不同品种的葡萄，经过不同种类的酵母发酵，以及多样化的后续工艺处理后，就产生了风味极其丰富多样的葡萄酒。

酵母　+　葡萄中的糖分　→　酒精　+　二氧化碳　+　风味物质

2. 白葡萄酒的酿造

白葡萄酒最大的特点就是颜色中没有浓郁的红色，而一般呈现出青绿色或各种黄色。这是因为白葡萄酒中没有明显的葡萄皮中的花青素等花色苷的存在，所以我们常见的白葡萄酒都是通过白葡萄品种生产酿造而得。当然我们同样可以使用红葡萄品种，在轻柔压榨过程中尽量避免提取花青素来酿造白葡萄酒，焉耆盆地产区就有一些独特的使用红葡萄品种酿造的白葡萄酒。

白葡萄酒的生产工艺（图2-2）一般由以下流程构成。

（1）采收　焉耆盆地产区因其风土条件、质量控制和成本管理，一般都采用纯人工整串葡萄采收的方式进行，这样可以最大限度地保证采收的果实质量。

（2）破碎及压榨　酿酒师会根据葡萄的质量及规划的风格对葡萄进行破碎及压榨。葡萄经过压榨机的压榨可以去除酿酒过程中不需要的葡萄皮和葡萄籽，得到新鲜的葡萄汁以供发酵使用，压榨的力度会影响到最终生产的葡萄酒的风格。

（3）低温浸渍萃取　当酿酒师期望生产出充满强劲新鲜果香或浓郁花香的白葡萄酒时，他们会在压榨前对葡萄皮与葡萄汁进行低温浸渍处理，在较低的温度下，发酵并不会

图 2-2　白葡萄酒的主要生产工艺图

开始，同时果皮中的芳香物质会逐步被萃取并溶解进入果汁中。低温浸渍萃取工艺结束后，再将葡萄汁放入发酵容器中开启发酵工作。

（4）酒精发酵过程　这一过程的主要目的是通过酵母将葡萄汁中的糖分转化为酒精。干白葡萄酒的发酵过程为了保留更为清新的果香，往往控制相对较低的温度，发酵大多在不锈钢发酵罐中进行，因为不锈钢发酵罐可以很好地进行温度控制，也有部分酒庄会采用橡木桶或者其他容器进行发酵。随着发酵的进行，酵母和一些酒液中的酒渣会沉淀在发酵罐的底部，发酵结束后要通过澄清工艺或者过滤工艺将其去除。

（5）陈年过程　基本所有的葡萄酒在发酵结束后都需要经过陈年，这一过程会让酒液变得更稳定，同时酒体中的风味也会更加融合。我们也可以通过一些特殊容器或者工艺，给白葡萄酒增加更多层次的风味。比如在生产焉耆盆地产区味型复杂饱满的干白时，很多酒庄会使用法国小橡木桶进行陈年。新的法国小橡木桶会给白葡萄酒增加芬芳的香草香气，还会带来淡淡的烘烤香味。陈年过程结束后，就可以对葡萄酒进行调配、装瓶和贴标等工作，这样一瓶美味的白葡萄酒就诞生了。

3. 甜白葡萄酒的生产

甜白葡萄酒与干白葡萄酒最大的区别就在于糖类物质残留量的不同。干白葡萄酒的生产是让酵母自然发酵至糖分几乎全部被消耗完，转化为酒精，其甜味几乎消失，酒精度相对较高。而如果在酿造白葡萄酒的过程中，在酵母没有完全将糖分转化为酒精的时候，通过降温或者过滤的方法终止发酵，葡萄中的残留糖分就会保留在最终的酒液中，这样就得到了一瓶甜白葡萄酒。

4. 起泡酒的酿造

生产起泡酒最特殊的工艺是要让葡萄酒能溶解酵母酒精发酵过程中产生的二氧化碳。我们可以用不同的方法实现这个目标，其中较为简单的方法是让葡萄汁在一个压力发酵罐中进行发酵，并封闭发酵罐，防止二氧化碳逸出并自然溶解在酒液中即可，这样生产的起泡酒具有更为新鲜的果味和花香。

如果想生产风味更为复杂的起泡酒，就需要采用瓶中二次发酵的过程（图2-3）。其基本原理如下，首先用生产普通静止酒的方式生产出基酒，然后将酒液装入起泡酒瓶中，再次加入少量糖分及酵母，然后封闭酒瓶，让酵母在瓶中开始二次发酵，这一过程中

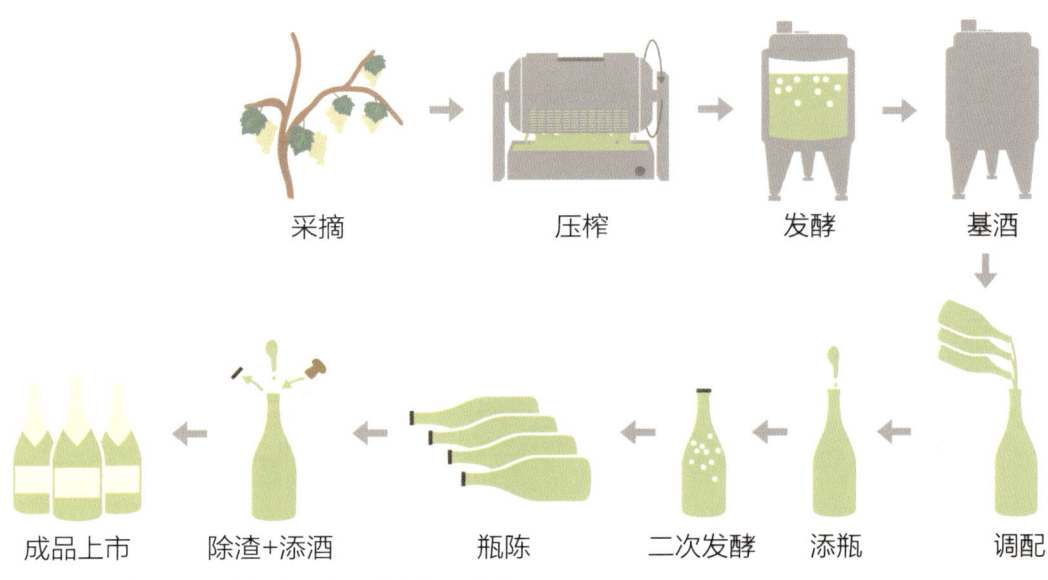

图2-3　瓶中二次发酵起泡酒的主要生产工艺图

的二氧化碳会溶解在酒中。发酵结束后，保留酒瓶中的酒泥（酵母和其他沉淀）并让其逐步分解并溶解进入酒液中，这一过程可能持续一年甚至更长的时间，这会给酒中增加烤面包和酵母风味，同时让酒体变得更加柔顺。这一过程结束后，通过特殊工艺排除酒泥，并重新添满酒瓶，封好软木塞，一瓶通过瓶中二次发酵法生产的风味复杂的起泡酒就完成了。

5．红葡萄酒的酿造

红葡萄酒的魅力从摇晃酒杯的那一刻就已经开始散发，那宝石红的颜色边缘还常泛着紫色光芒或者带着橙色晕染，诱人无比。这些颜色源自葡萄皮中的花青素，这也让红葡萄酒的生产过程与白葡萄酒有所不同，红葡萄酒相对白葡萄酒更追求复杂的风味和浓郁的口感，如何用好葡萄皮就是其中的关键因素之一。

红葡萄酒的生产工艺（图2-4）一般由以下流程构成。

（1）**采收**　与白葡萄酒酿造一样，焉耆盆地产区因其风土条件、质量控制和成本管理，一般都采用纯人工整串葡萄采收的方式进行，这样可以最大限度地保证采收的果实质量。

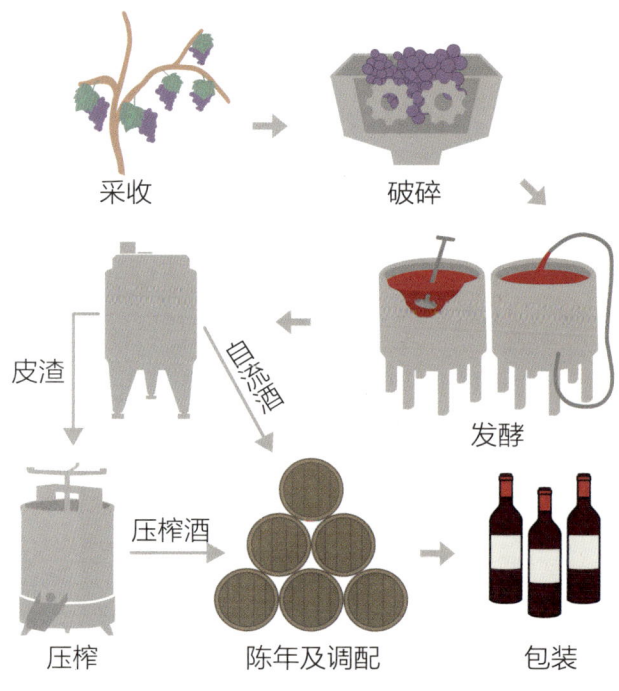

图 2-4　红葡萄酒的主要生产工艺图

（2）去梗破碎　采收回来的葡萄串会被人工脱梗或者进入脱梗机进行脱梗，随后进行破碎，但是并不进行压榨，而是让破碎后的果皮与果汁持续接触。很多酿酒师还会让这些混合着葡萄皮的果汁经过低温浸渍过程，以萃取更多的香气物质和花青素进入葡萄汁，之后这些果汁会在发酵罐中进行发酵过程。

（3）酒精发酵过程　进入发酵罐的葡萄汁中的糖分会在酵母的作用下转化成为酒精以及各类风味物质，同时还会产生大量二氧化碳，沾上气泡的果皮会浮在酒液表面，这会影响果皮中颜色和风味的自然萃取。酿酒师们会用各种方法加强果皮与果汁的接触，例如使用泵将底部的清液抽出并从发酵罐顶部浇下，或使用长柄工具直接打碎上部果皮结成的酒帽，让其重新回到酒液中。

红葡萄酒的发酵温度相对白葡萄酒更高，这样可以加强风味和颜色的萃取，发酵结束后，往往还会经过一段时间的浸渍过程，随后从发酵罐中下部就可以得到没有果皮的自流酒。排完自流汁后，剩余的皮、籽组成的皮渣中仍然会混合大量葡萄酒，将这些皮渣经过压榨后，可以得到更加强劲、更加浓郁也更为粗糙的压榨酒。

（4）苹果酸-乳酸发酵　苹果酸-乳酸转化对于葡萄酒的影响是多方面的，主要包括葡萄酒的生物稳定性的提升和葡萄酒的感官味觉特征的丰富和改善。焉耆盆地产区的红葡萄酒大多都进行苹果酸—乳酸的发酵，这一过程可以自然启动或添加专用乳酸菌来启动，将葡萄酒中的苹果酸在乳酸菌作用下转化，生成乳酸和二氧化碳及其他副产物。

（5）陈年过程　发酵结束后的红葡萄酒基本都会经过陈年过程。焉耆盆地产区的红葡萄酒还经常会被放入容量为225升的小橡木桶中进行陈年，新的小橡木桶价格昂贵，但会给红葡萄酒带来明显的香草和椰子壳香气，还会带来烘烤烟熏的气味，同时陈年后红葡萄酒还常呈现出黑咖啡和巧克力的香气。

（6）混合与装瓶　陈年结束后的酒液，会根据最终的产品风味需求进行调配，如自流酒和压榨酒的调配、不同葡萄品种的调配、不同陈年方式的调配等。这会明显增加葡萄酒的复杂度，并通过调配让最终的成品酒达到更好的平衡度。随后酒液会被装瓶贴标，这样一瓶干红葡萄酒就诞生了。

6．桃红葡萄酒的酿造

桃红葡萄酒与红葡萄酒最大的区别就是花青素含量更少，这也就意味着果汁接触果皮的时间会更短。因此，当皮渣浸渍出一定量的花色苷时，可以从底部放出一部分自流汁，让它们在另一个发酵罐中无果皮浸渍的状态下继续发酵，这样就得到了颜色比红葡萄酒更浅的桃红葡萄酒，其他葡萄汁则继续带皮渣发酵酿造红葡萄酒。或者也可以采用在发酵前让果皮与果汁接触较短的时间,让葡萄皮中的颜色较少地进入葡萄汁中,然后压榨去除皮渣后再开启酿造过程生产桃红酒。如果想要生产甜型桃红葡萄酒,只需要中断发酵保留糖分即可。

7. 白兰地的生产

广义上的白兰地是使用水果酒经过再次蒸馏得到的烈酒,不过最常见的白兰地就是使用葡萄酒作为原料在经过蒸馏过程后所得到的烈酒。焉耆盆地产区很多酒庄在生产优质葡萄酒的同时,也会生产白兰地。白兰地的原料实际上就是葡萄酒,在酿造过程结束后,利用水与酒精沸点不同的物理原理,将生产出的葡萄酒基酒放入蒸馏器中,经过柱式连续蒸馏或两次以上壶式蒸馏过程,就可以生产出高度数的白兰地原酒,蒸馏结束后酒庄大多还会将白兰地原酒经过各类陈化处理,以柔和酒体、增加风味,然后再将其稀释到一定度数后装瓶销售。

焉耆盆地产区的白兰地目前常用的蒸馏设备为夏朗德式壶式蒸馏器和连续式薛氏三釜蒸馏器。白兰地主要生产工艺见图2-5。

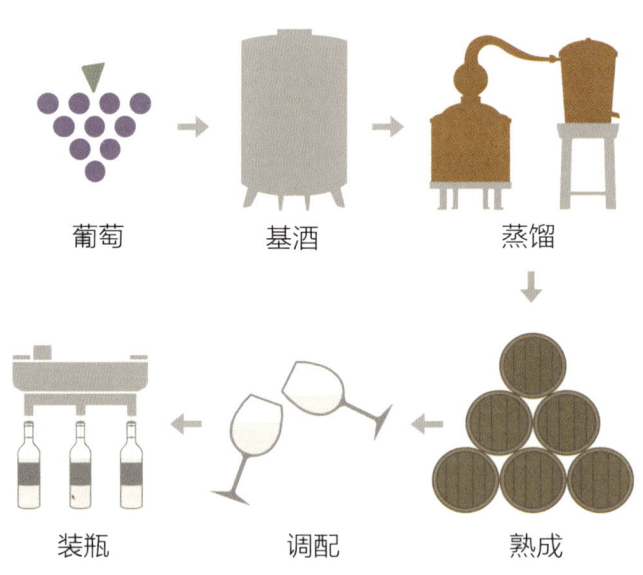

图 2-5 白兰地的主要生产工艺图

8. 加强葡萄酒的酿造

加强葡萄酒是指在葡萄酒中加入葡萄蒸馏酒或白兰地，从而得到的更高酒精度的葡萄酒。焉耆盆地产区很多酒庄均有生产这种较为特殊的葡萄酒类型。

焉耆盆地主要生产红葡萄酒加强酒，主要生产工艺如图2-6所示。酿造加强红葡萄酒时，一般会适当推迟葡萄的采收，然后在葡萄采收后，会经过萃取流程，以便更多的花青素、单宁以及风味物质进入葡萄汁中，然后启动发酵过程，开始将糖分转化为酒精。在发酵过程未完成前，向发酵罐中加入一定的高度数的葡萄蒸馏酒或白兰地，将酒精度提升到16%~20%vol。这样高的酒精度会杀死酵母，从而中断发酵过程，让一部分糖分保留在酒液中。然后将这些酒放入橡木桶或者其他容器中进行陈年，从而得到了有明显甜味的高酒精度加强酒。这种酒口感香气浓烈，整体感受强劲。

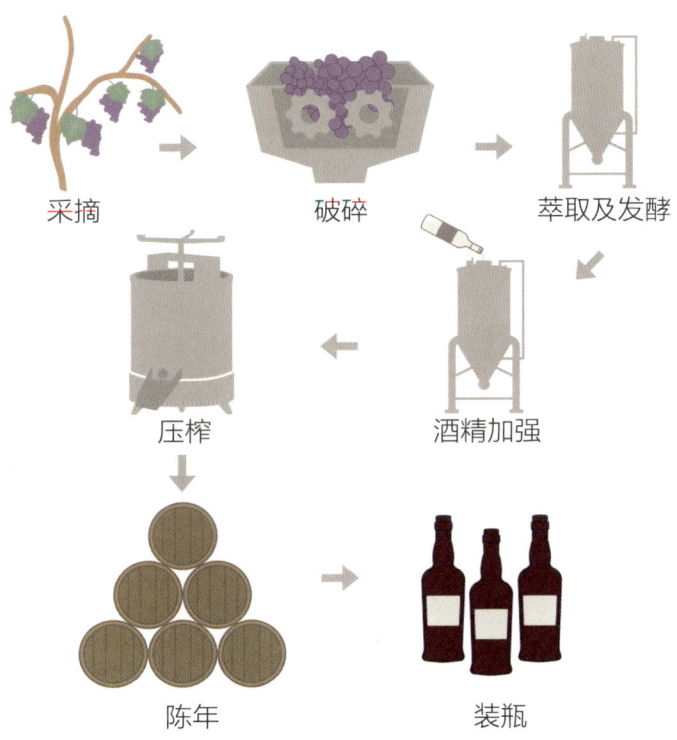

图2-6 加强葡萄酒的主要生产工艺图

董基春 摄

第三章

焉耆风土
叫天地人

天山南麓 山间盆地

高山 长河 大湖 戈壁

极致风土的呈现

靠的是勤劳且认真的人

第一节

焉耆产区自然及地理

1. 焉耆盆地产区的地理位置

焉耆盆地产区的地理位置如图3-1所示。

新疆"三山夹两盆"地形示意图

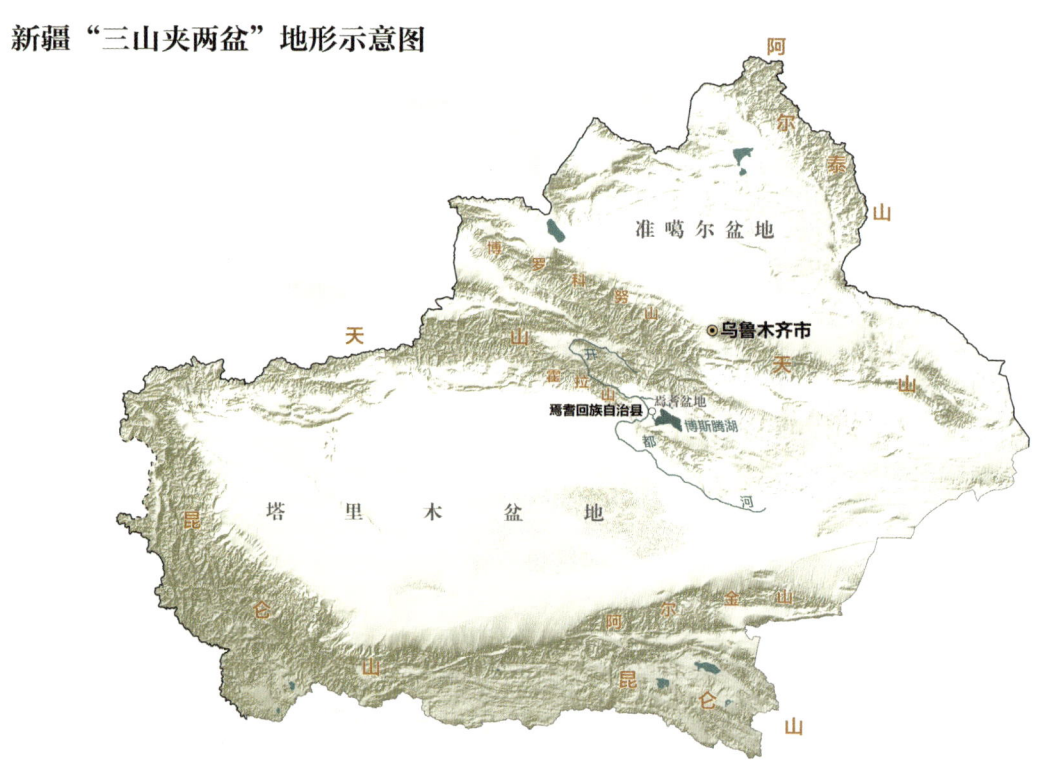

图 3-1 焉耆盆地产区地理位置

新疆位于我国西北内陆地区,地处亚欧大陆腹地,占全国总面积的六分之一,是我国面积最大的省级行政区,也是我国有据可查的最早种植葡萄并酿造葡萄酒的地区。近年来,依托得天独厚的自然条件和地缘优势,积极把握共建"一带一路"机遇,新疆葡萄和葡萄酒产业得到了快速的发展。随着新疆葡萄酒的品质、品牌知名度越来越高,吸引了张裕集团、中粮长城和威龙等大型葡萄酒企业纷纷来新疆投资建厂。同时，尼雅、楼兰、新雅、西域、乡都、天塞和中菲等一大批本地优秀葡萄酒品牌也快速成长起来。目前，新疆维吾尔自治区已形成了天山北麓、焉耆盆地、吐哈盆地和伊犁河谷四大葡萄酒产区，酿酒葡萄种植面积达到20万亩左右，规模以上企业的葡萄原酒年生产能力超过19万吨，位居全国之首。

焉耆盆地位于新疆塔里木盆地东北侧，是一个镶嵌在巍峨天山怀抱中的独特地理单元。其地理位置具有明显的内陆性、山间性与绿洲性特征。焉耆盆地是天山山脉中的一个山间盆地，总面积约1.3万平方千米。属于天山主脉与其支脉之间的中生代断陷盆地。该盆地由北部的萨阿尔明山、西部的霍拉山、南部的库鲁克塔格山和东部的科孜勒山相围而成的一个椭圆形区域，东西长170千米，南北宽80千米，面积约1.3万平方千米，行政区域内有焉耆回族自治县、和硕县、博湖县、和静县以及兵团第二师的223团、21团、24团、25团、27团等。地势由西北向东南倾斜，边缘海拔1200米左右，最低点博斯腾湖湖面为1047米。

2．焉耆盆地产区宏观位置

（1）内陆性　焉耆盆地位于欧亚大陆腹地，远离海洋，属于典型的内陆地理环境。其位于中国的西北边境省份新疆南疆北部，距离最近的海洋直线距离也超过1000千米，这决定了其气候环境干燥、降水稀少、气温日较差大的特点。

（2）经纬度位置　焉耆盆地大致位于东经85°13′19″~86°44′00″，北纬41°45′31″~42°20′45″，处于北半球中纬度地区，与世界著名的葡萄酒产区法国波尔多、美国加州纳帕谷等同处北纬35°~50°的"葡萄酒生产黄金纬度带"。

3．微观地理地貌

焉耆盆地产区总图如图3-2所示。

（1）山间盆地　焉耆盆地位于天山山脉之中，是天山主脉与其支脉之间的中生代断陷盆地。具体来说，它位于天山中支萨阿尔明山与库鲁克塔格山之间，东西长约170千米，南北宽63~80千米，总面积约13000平方千米，呈现较为宽阔的椭圆形地貌形态。

（2）地形地貌　焉耆盆地产区整体呈西北高、东南低的态势，边缘海拔高度在1200米左右，而最低点即博斯腾湖湖面海拔为1047米。博斯腾湖是中国最大的内陆淡水湖之

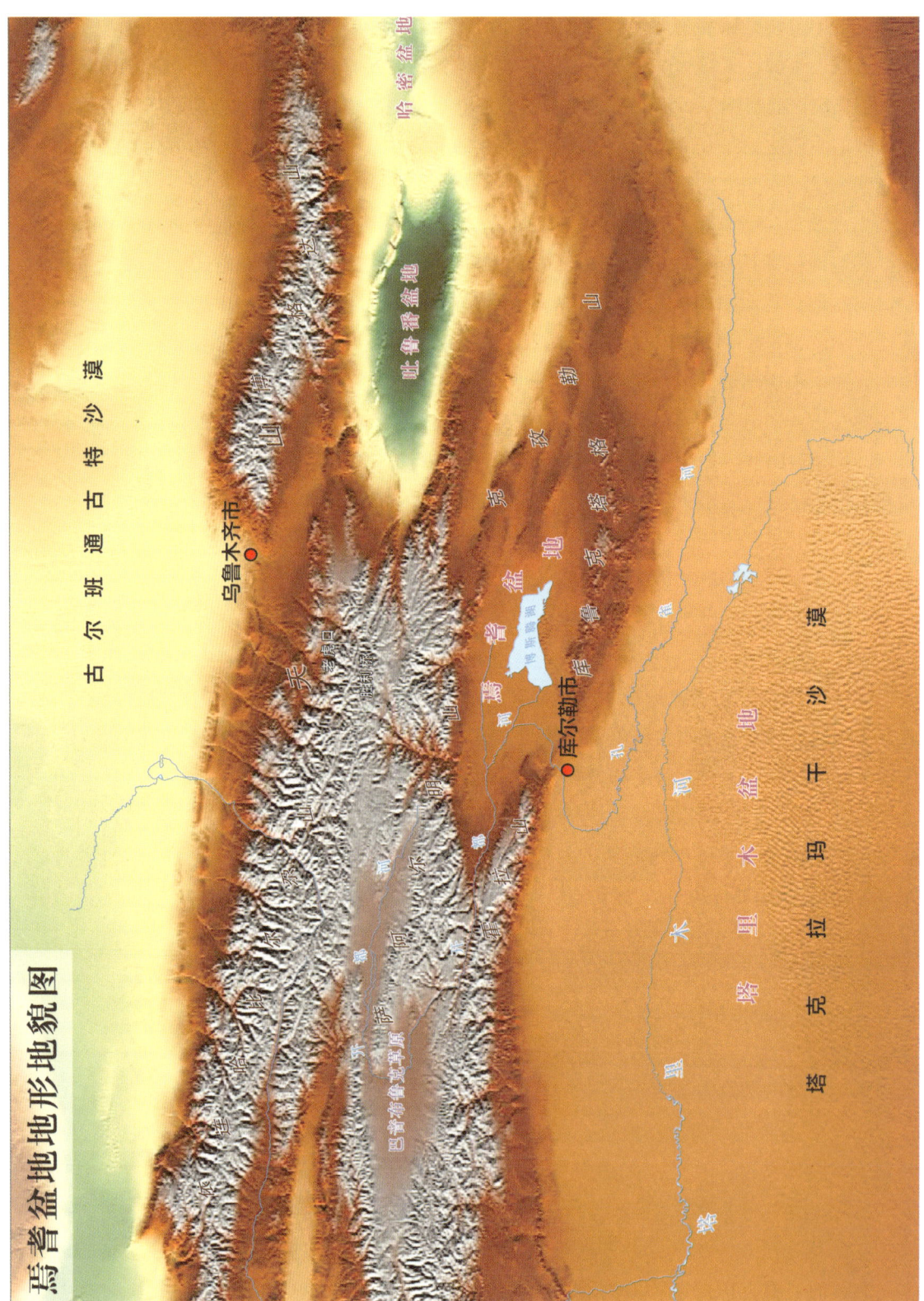

图 3-2 焉耆盆地产区总图

一，也是中国最大的内陆吞吐湖，其位于焉耆盆地中心，为周边地区提供了宝贵的水源和适宜的微气候。盆地内部地势平缓，主要由冲积平原、洪积扇、河谷阶地等组成，土壤以沙砾石为主，虽然养料贫瘠但排水性良好，且富含矿物质，非常有利于葡萄根系发育和水分调控。

（3）周边环境　焉耆盆地产区东南部起自博湖县，北部覆盖和静县，周边还有库尔勒等县市，行政区划上属于新疆维吾尔自治区巴音郭楞蒙古自治州。焉耆盆地周边环绕着雄伟的天山山脉，山体高峻，雪峰连绵，为盆地形成天然屏障，既阻挡了北方冷空气的侵袭，又阻挡了南方湿热气流的深入，与博斯腾湖的巨大水体面积共同构成了天山南麓丰富的绿洲生态系统（图3-3）。

图3-3　焉耆盆地的雪山与大湖

（4）水系影响　焉耆盆地产区内有一条长河——开都河（图3-4），据考证，这是《西游记》里流沙河的原型，它是巴州人民的母亲河。这条河发源于盆地西北端的巴音布鲁克大草原，是新疆八大河流之一，绵延600多千米。

新疆的河流具有水深较浅、河面广阔的特点，而焉耆盆地中最凹处还有着中国最大的内陆淡水吞吐湖——博斯腾湖（图3-5），也是《西游记》里西海的原型，面积约1700平方千米，其广阔的水域面积，使得水分易与空气混合，空气中热量的蒸发作用使得水分从液体转变为气体。空气的热量被水分吸收因此减少，在一定程度上降低了空气温度。它的存在除了平衡气温的变化，也同样具备调节空气湿度的功能。这种相对较大的空气湿度的微气候特点让焉耆盆地葡萄酒的香气具备了更多的细腻特点。

图 3-4 开都河穿过焉耆盆地

图 3-5 中国最大的内陆淡水吞吐湖——博斯腾湖

而如此大面积的湖泊,当阳光照到湖面的时候会产生反射。由于短波长的光(如蓝光)比长波长的光(如红光)更容易被散射和折射,从而使得水体呈现出蓝色,即"蓝光效应"。这些蓝光会被葡萄叶子中的叶绿素、光敏色素等吸收并参与有机物合成,并有利于抗氧化物质合成。这种蓝光效应也是焉耆盆地产区葡萄酒颜色如此多彩且深邃的原因之一。

同时值得一提的是,焉耆盆地产区人口密度低,且工业和城市废气污染很小,所以这里的天空是湛蓝的,生长季的空气是洁净而通透的。白天日光充沛,夜晚星光璀璨,来自太空中的各种光照能量无保留地铺撒在这片壮丽的大地之上,让葡萄得以积聚很多产区难以达到的风味物质的强度。

4. 焉耆盆地产区的气候特征

焉耆盆地属于中温带的大陆性气候,同时兼具盆地气候特征,年均气温为8.5℃,日平均气温超过10℃的活动积温达3511℃·天,平均无霜期持续185天,最热月平均气温为23.2℃,最冷月平均气温为-11.2℃,年平均气温日较差为14.8℃,年日照时数约2980小时,年平均降水量79.8毫米,年平均蒸发量则达到了1876.7毫米,年平均相对湿度为57%。

焉耆盆地产区的气候特点是四季分明、冬季寒冷、春季回暖快、夏季炎热而短暂以及秋季降温迅速,气温季节变化明显,但变化速率相对平缓,是南北疆气候交错带。该区域具有阳光充裕、热量较丰富、气温日较差大、降水量小、蒸发量大、空气干燥等典型沙漠干旱区绿洲气候特征,这种气候特点有利于酿酒葡萄中风味物质、糖分和养分的积累,并且无病虫害发生,如图3-6中成长中的葡萄果实,可以从根源上为不使用农药打下了良好的基础。

这里年均温差可达20℃以上,日均温差通常在10℃以上,尤其在葡萄生长期,昼夜温差高达15℃,白天充足的热量积累与夜晚的低温相结合,有利于葡萄糖分积累和风味物质的形成。

冬季严寒且漫长,平均气温较低,周边区域极端最低气温曾经降至过-35.2℃。但由于博斯腾湖的存在,湖水对焉耆盆地产区的周围气候有一定的调节作用,使得局部地区的冷热变化相对缓和。

春季气温回升迅速,但气候

图3-6 成长中的葡萄果实

多变，干冷的西北风与干热的西南风交替出现，导致气温波动较大。此时相对湿度极低，空气极为干燥。

夏季气候温和，虽然白天高温，但因夜间降温明显，整体气温相对适中。盆地地形有利于热量聚集，白天阳光充足，有利于葡萄成熟；夜晚凉爽，有助于保持葡萄的酸度和新鲜感。

秋季气温下降快，秋高气爽，白天阳光依然强烈，夜晚温度迅速降低，为葡萄采收提供了理想的气候条件。同时，较低的降水量使得葡萄果实保持了非常浓缩的风味特征。

焉耆盆地年降水量很少，属于干旱地区。降水主要集中在春夏之交和夏秋之交，且多以阵雨形式出现，降水量分布不均，蒸发量远大于降水量。近年来极端干旱的年份的年降水量可低至50毫米以下。由于日照时间长、气温高，加之空气干燥，焉耆盆地的蒸发量极大，这对葡萄种植提出了较高的灌溉管理要求。因此，滴灌等节水灌溉技术在这里得到广泛应用，确保葡萄在有限的水资源条件下正常生长，同时水资源精确控制和水肥一体化作业等新型农业也在这里试验并扎根。

焉耆盆地全年日照时数长，阳光充足，尤其在葡萄生长季节，充足的光照有利于葡萄进行光合作用，积累糖分和色素，对葡萄品质的提升至关重要。这不仅为葡萄增加了更丰富的花色苷，还促使成熟的果味快速形成，从而使所酿造的葡萄酒更加芬芳。

焉耆盆地与酿酒葡萄适宜气候指标比较（2011—2022年）见表3-1。

表3-1 焉耆盆地与酿酒葡萄适宜气候指标比较（2011—2022年）

	10℃活动积温/（℃·天）	10℃活动积温持续天数/天	7~9月水热系数	成熟期昼夜温差/℃	7~9月平均气温和/℃	年平均温度/℃	日光能系数
最适指标	3200~3800	>170	<1.5	≥15	60~66	8~10	≥4.5
盆地平均值	3669	186	0.22	17.3	63.7	9.2	4.5

5. 焉耆盆地的峡谷天风

焉耆盆地产区还有着独特的峡谷天风，焉耆盆地的形状东西长南北窄，地势西北高东南低，是一个狭长的山谷型盆地。北部高处有翻越中天山的垭口——胜利达坂。天山山脉东西走向，横亘着把新疆分成南北两部分，成为一堵巨大的防风墙（图3-7）。胜利达坂垭口的存在如同在墙体上开了个大洞，来自西北的过山风从这里灌入盆地，盆地的狭管效应又加大了风速，使得盆地内的风速更为强劲。

到了夜间，聚集在山顶雪地上的冷空气因为重力的作用而快速下降到较低的盆地底部，形成山风，从而使得缓缓降低的坡地地区的温度相对较低，加大了昼夜温差。同时，沿地势自西北向东南而下的山风沿途吹过开都河，进一步增大了葡萄园里的湿度。

白天由于山区里的暖空气沿着坡地向上运动，形成谷风，促进了空气的流动，这股气流带来了盆地底部因博斯腾湖的存在而增加的湿度，也从而缓解了盆地白天强烈光照对葡萄造成的桑拿效应，延长了葡萄的生长季。这种独特的微气候，造就了焉耆盆地葡萄园的独特风环境，为春天霜冻的防止、夏季高温的缓解提供了独特的自然条件，从而形成了优质酿酒葡萄的独特风土条件。

图3-7　形成峡谷天风的壮丽山脉

6. 焉耆盆地产区的土壤结构

焉耆盆地产区的葡萄园除223团小产区的葡萄园是在熟地的基础上改种而成，多数是根据西部大开发和牧民安居等政策而进行的荒滩改造。这些荒滩都是千百年来无人问津的沙漠戈壁，少有植被、碱壳坚硬（图3-8）。

焉耆盆地的土壤特征是由其特殊的地理构造、气候条件、地质历史和生物活动共同塑造的，这里呈现出典型的内陆干旱区土壤特点（图3-9）。焉耆盆地土壤以沙砾石为主，具

图 3-8　戈壁荒滩的原始地貌

图 3-9　焉耆盆地的常见土壤地貌

备良好的通气性、排水性和矿质元素含量，虽然有机质含量和保水性相对较低，但通过科学的土壤管理与灌溉技术，仍能够充分发挥其对葡萄种植的有利条件。这样的土壤特征，加上适宜的气候条件，共同造就了焉耆盆地成为优质葡萄种植与葡萄酒酿造的理想之地。

然而，由于超高的蒸发量和很低的降水量，焉耆盆地葡萄园也面临着很多的挑战，例如水资源的综合利用、土壤盐碱化的改良与处理等，这些都是这里的生产者必须面对的挑战。

(1)土壤类型

①沙砾石土壤：焉耆盆地土壤以沙砾石为主，这种土壤类型主要由粗粒的沙、砾石和少量黏土混合而成，具有良好的通气性和排水性能。沙砾石土壤能够快速吸收和释放热量，这有利于葡萄根系的呼吸和养分的吸收，同时防止积涝，对葡萄生长极为有利。

②盐碱土壤：焉耆盆地的部分区域可能存在不同程度的盐碱化现象，尤其是在地势较低或地下水位较高的地方，土壤中可能含有一定量的盐分。然而，通过合理的灌溉管理、土壤改良和品种选择，可以在一定程度上减少盐碱土壤对葡萄种植的不利影响。

(2)土壤质地

①粗粒结构：焉耆盆地土壤以沙质和砾质土壤为主，这些土壤的颗粒粗大，孔隙度高，通透性强。这种结构有利于葡萄根系的扩展和氧气的供应，从而促进葡萄树的健康生长并能更好地抵抗病害。

②浅薄层状：由于长期风蚀和水蚀作用，盆地内土壤厚度相对较薄，且常呈现层状分布，表层土壤相对肥沃，底层土壤则多为基岩或砾石层，这要求葡萄种植过程中需注意合理施肥，以保持土壤肥力。

(3)土壤养分

①矿质元素丰富：焉耆盆地土壤中富含钙、镁、钾等对葡萄生长有益的矿质元素，这些元素对葡萄果实的酸度、糖分积累、颜色形成及风味发展具有积极作用。

②有机质含量适中：尽管盆地土壤有机质含量相对较低，但焉耆盆地的生产者们通过有机肥料深耕施用、覆盖物应用以及合理轮作等方式，有效地改善了土壤有机质含量，并且将其控制在非常合理的范围之内，满足了葡萄优质果实生长的要求。同时通过改善土壤结构，增加土壤生物活性，为葡萄提供持续稳定的土质基础。

(4)土壤pH

焉耆盆地土壤pH一般偏中性至微碱性，一些葡萄园区的pH甚至达到8.5，这与葡萄理想的生长土壤pH范围（6.0~8.0）相吻合，有利于葡萄对养分的有效吸收和利用，减少因土壤酸度过高或过低引发的养分固定或缺乏问题。

(5)土壤水分状况

①保水性适中：尽管焉耆盆地土壤是以沙砾石为主，其保水性相对较低，但葡萄种植普遍采用滴灌等节水灌溉技术能够精确控制水分供应。这样不仅避免水分过多或过少对

葡萄生长造成影响,也满足了新农业中关于土地可持续发展的要求。

②**排水性能优良**:焉耆盆地产区沙砾石土壤良好的排水性能有助于防止土壤水分过饱和,并减少葡萄根系病害的发生,特别是在多雨或灌溉过度的情况下,这种优良的排水性能能够有效保护葡萄树免受涝害。

7. 焉耆盆地产区土层结构

焉耆盆地内部地势平缓,主要由冲积平原、洪积扇、河谷阶地等地貌组成。具体葡萄园的土壤结构以沙砾石为主,但相对变化较大,有粗沙砾、黏土、细沙等不同的构成方式,这也为焉耆盆地产区的葡萄产品多样化提供了可能。图3-10～图3-14是一些小产区的土层剖面照片。

▲ 图 3-10

▲ 图 3-11　　　　　　　　　　▲ 图 3-12

图3-10　七个星小产区乡都酒庄土层剖面(右侧为焉耆盆地)
图3-11　七个星小产区天塞酒庄土层剖面
图3-12　和硕小产区冠颐酒庄土层剖面

▲ 图 3-13   ▲ 图 3-14

图 3-13　南山小产区馨玉酒庄土层剖面
图 3-14　223团小产区土层剖面

8. 焉耆盆地产区的富硒土壤

中国富硒土壤的标准一般是指硒元素含量超过0.4毫克/千克，我国大部分土壤硒含量在0.29毫克/千克左右。在焉耆盆地，富硒土地资源在焉耆、和硕、和静和博湖均有大面积分布，其中以焉耆县最为集中，分布最广泛（图3-15）。根据最终测量结果焉耆县富硒土壤硒含量为0.30～0.99毫克/千克，平均含量为0.42毫克/千克。其中，焉耆县绿色富硒土地540.6平方千米，富硒耕地335.6平方千米，占全县耕地面积的84.75%。这些富硒耕地资源主要分布在北大渠乡、四十里城子镇、五号渠乡和包尔海乡，其富硒地层厚度达200厘米以上，使得这里成为名副其实的富硒葡萄生产地。焉耆盆地产区风土档案见表3-2。

表3-2　焉耆盆地产区风土档案

气候带	中温带的大陆性气候
年日照时数	3974小时
有效积温	葡萄生长期（4～10月）积温（≥10℃）3511℃·天
年降水量	83.1毫米
蒸发量	葡萄生长期（5～9月）877.3毫米
相对湿度	57%

续表

气候带	中温带的大陆性气候
无霜期	185天
平均终霜日	4月底至5月初
主要地形	山间盆地、河流相平原、冲积平原
海拔	1047~1200米
主要土壤类型	沙砾棕漠土
地质类型	天山主脉与支脉间的中生代断陷盆地
栽种面积	12万亩
栽培方式	篱架栽培、冬季埋土防寒
主要气象灾害	冬季冻害、春季晚霜、大风、冰雹
主要病虫害	无,极为适合有机种植

图3-15 焉耆盆地的富硒土壤农田

第二节
焉耆的风土密码——天地人

1. 天然的有机葡萄酒之乡

焉耆盆地由于其干旱的大陆型气候特征，最大程度地避免了波尔多等海洋型气候产区所面临的大部分病害，这使得焉耆盆地产区的葡萄园几乎不需要使用各类农药控制真菌、霉菌和病害，从而天然具备了有机农业的良好基础条件。

此外，这里干旱少雨的天气使得土壤含水率极低，除了通过滴灌支持的葡萄藤，其他行间土地上的杂草等很难生存，这也使得焉耆盆地产区几乎不需要使用除草剂等药剂。

再者，焉耆盆地产区的葡萄园基本都是在未经耕作的戈壁荒滩开垦而成。这里的土壤几乎从未受到工业污染，也避免了很多土地二次开发面临的土壤营养结构失衡问题。可以说，从一开始这就是为了优质酿酒葡萄而生的土地（图3-16）。

这些天与地的综合优点，使焉耆盆地产区形成了发展有机农业的巨大优势，该产区成为了全国知名的有机农业示范基地，这里的几乎所有葡萄酒均通过了具有严格规范的中国有机标准，堪称中国有机葡萄酒之乡。

图3-16 焉耆盆地产区的有机葡萄园

2. 峡谷天风带来的超低产量

焉耆盆地产区独特的地理条件，造就了这里葡萄园里独特的风，由于这些都是天然的自然物候之风，成因又与天山有着直接的关系，当地生产者给其起了个名字："穿堂天风"。这些风兼具了过山风、山风与谷风的特点，成为焉耆盆地独一无二的风土特色。由于穿过天山而来的"穿堂天风"是冷凉的，对盆地内气温的降低起着重要的作用，这是焉耆盆地内的气温常年低于仅40千米远的库尔勒的气温3~4℃的原因，也是焉耆盆地产区酿酒葡萄的风味复杂度明显高于周边地区的因素之一。

焉耆盆地"穿堂天风"是一种特殊环境造就的物候特点，赋予了本地出产的酿酒葡萄独特风味，同时还使得焉耆盆地产区的酿酒葡萄园有了自然低产的独特风土特征。春天时，盆地内经常出现强对流天气而形成大狂风，会吹断刚刚长到大约1尺高（1尺=1/3米）的嫩枝，花期时狂野的山谷风及其夹带的细沙尘也会吹断花序，干扰授粉，使得坐果率降低。这些独特的微气候虽然会给当地生产者造成损失并增加了很多工作量，但也实现了特殊的葡萄自然疏果与自然限产功能。

焉耆盆地产区出产的酿酒葡萄果穗从视觉上就与其他很多产区有着明显的不同。这里的果串相对松散，果皮较厚，亩产很低，但葡萄拥有相对高的自然酸度，葡萄果实的这些优点，"穿堂天风"功不可没。

3. 新型农业支撑起的现代产区

焉耆盆地的年降水量少，而蒸发量大，导致水资源相对匮乏。传统的漫灌或洪水灌溉方式不仅浪费水资源，而且难以满足葡萄在特定生长阶段对水分的精细需求。滴灌作为一种高效节水灌溉方式，能在有限的水资源条件下精确供水，满足葡萄生长所需，符合当地水资源高效利用和生态保护的迫切需求。

焉耆盆地土壤以沙砾石为主，土壤孔隙度高，保水性较差。若采用传统的漫灌方式，水分容易快速下渗或蒸发，难以在土壤中有效留存。滴灌通过缓慢、均匀地将水分直接输送到葡萄根部附近，有效地解决了沙砾石土壤保水性差的问题，提高了水分利用效率。

焉耆盆地产区的部分区域存在土壤盐碱化现象，大水漫灌易加重土壤表层盐分积累，从而对葡萄生长造成不利影响。滴灌通过小流量、多次数的灌溉方式，减少土壤表面蒸发，有效抑制盐分上移，有利于控制土壤的盐碱化。经过多年努力，10万亩绿色有机酿酒葡萄基地得以建成（图3-17）。

焉耆盆地产区的新型农业滴灌还具有很多优点。

图 3-17 新华社相关报道截图

（1）**高效节水**　滴灌系统能精确控制灌溉的水量和频率，将水分直接输送至葡萄根部附近，大大减少了无效蒸发和深层渗漏，相较于传统灌溉方式，可节水30%～70%，显著降低水资源消耗。

（2）**提高肥料利用率**　滴灌可与水肥一体化技术结合，将肥料溶解于灌溉水中，直接送达根部，实现精准施肥。这种方式既能满足葡萄生长对养分的需求，又能避免肥料流失，提高肥料利用率，减少环境污染。

（3）**优化土壤环境**　滴灌避免了大水漫灌对土壤结构的破坏，有利于保持土壤疏松透气，且有利于葡萄根系生长。同时，滴灌降低了土壤表层湿度，减少了病虫害的发生，尤其是对土传病害和根部病害的防控效果显著。

（4）**调控葡萄生长**　通过滴灌可以精确调控葡萄生长各阶段的水分供应，如萌芽期适量供水以促进发芽，坐果期适度控水以促进坐果，转色期适量供水以促进转色，成熟期适当控水以提高果实品质。这种精细化管理有助于实现葡萄生长的最优化，提高果实品质和产量。

（5）**减轻劳动强度**　滴灌系统可以实现自动化或半自动化操作，只需设置好灌溉时间和流量，即可自动进行灌溉，大大地减少了人工劳动强度，节省了人力成本。

（6）**适应复杂地形**　焉耆盆地的地形复杂，滴灌系统可根据地块坡度、葡萄树间距等因素灵活布置，以适应各种地形条件，保证灌溉均匀性。

（7）**有利于环境保护**　滴灌减少水资源浪费和肥料流失，有利于保护当地脆弱的生态环境，符合可持续农业的发展理念。

4．辛勤付出的生产者

中国西北产区虽然有着优越的酿酒葡萄生长季气候，能够生产出高品质的葡萄果实，但是这里的冬季气候却使得优质的葡萄品种在无保护的自然状态下难以安全越冬。

在焉耆盆地产区，正常年份的冬季气温最低可达-15℃左右，这对裸露在地表的葡萄藤蔓和浅层土壤中的葡萄根系会造成致命的影响。因此，这里辛劳的生产者不得不花费大量金钱与劳力，每年冬季前对葡萄藤进行剪枝和埋土作业，使葡萄藤位于冻土层以下，确保第二年能够顺利萌芽生长。而到了第二年春天，还需要再花费大量财力和人力，将葡萄藤的冬季防寒覆土层剥离，让葡萄藤能够重新暴露于阳光下。

为了方便埋土作业，这里的葡萄藤的行间距相对于世界其他产区更为宽敞，焉耆盆地大部分葡萄园的行间距超过3.5米，有的特殊地块甚至超过6米，是波尔多等产区的两倍以上。较大的行间距导致这里葡萄园的亩产量极低，大部分葡萄园亩产量都不足400千克，远低于世界其他国家主要产区的标准。

每年的埋土和出土作业不仅耗费着这里葡萄酒从业者的财力和人力，还会造成部分葡萄藤的损伤。农业科技工作者研发出了厂字形、独龙干、飞雁式等特殊架型以减小损害并适应埋土越冬作业。为了让葡萄藤能够安全过冬，这里的葡萄酒从业者付出了大量的脑力、体力和财力。

焉耆盆地的风土特色不仅包括神奇的天风和贫瘠的土壤，更重要的是天地人的和谐统一。人们让冰冷且无情的天风和干旱且贫瘠的土地变成了优质葡萄果实的摇篮，又将这些优质的果实酿造成了高品质的美酒。这里的开拓者们用数十年的探索和辛劳熟悉了这方土地，将荒漠变为绿洲，这里的葡萄酒生产者们更是用自己的优秀产品打造了一个个优秀的品牌，共同塑造了焉耆盆地产区的金字招牌。

焉耆盆地的人们不仅在这里辛勤劳作，而且在这片坚毅的土地上投入了满满的爱，爱这里的风土，爱这里的葡萄，爱这里的天与地。葡萄园中的四季也默默陪伴着葡萄酒人。我们一起通过出土、上架、架面整理、疏果、采收、冬季修剪和埋土等农事操作用心感受焉耆盆地产区葡萄的年复一年（图3-18～图3-26）。

▲ 图 3-18

▲ 图 3-19

图 3-18　葡萄藤出土（馨玉酒庄）
图 3-19　葡萄藤上架（乡都酒庄）

▲ 图 3-20
▲ 图 3-21
▲ 图 3-22
▲ 图 3-23
▲ 图 3-24
▲ 图 3-25
▲ 图 3-26

图 3-20　架面整理（天塞酒庄）
图 3-21　精心疏果（天塞酒庄）
图 3-22　整齐的结果带（天塞酒庄）
图 3-23～图 3-25　手工采收（天塞酒庄）
图 3-26　冬剪后的葡萄园（冠颐酒庄）

第三节
焉耆盆地产区常见的架型管理

在葡萄酒圈子中流传着诸多名言,如"好葡萄酒是种出来的""好葡萄酒七分靠葡萄,三分靠工艺""好葡萄酒先天在于葡萄,后天在于工艺""葡萄酒酿造从葡萄园就开始了"等。虽然这些说法都并非精确的概念,但足以证明种植在葡萄酒生产中所占的重要地位。虽然焉耆盆地产区的风土特征具备生产优质葡萄酒的潜力,但是想要让葡萄树持续产出高质量的葡萄,仍然需要在葡萄园管理中下足功夫。焉耆盆地产区的葡萄园中不仅有着勤劳和坚毅,还有着很多知识与科技。

前文讲到由于焉耆盆地产区冬季气温最低会低于-15℃,甚至出现过低于-20℃的低温,这超出常见酿酒葡萄的耐寒极限。冬季如果不采取埋土作业防寒越冬,会让葡萄藤遭受不可逆的冻害。

但是在埋土作业过程中,人们发现,如果采用欧洲常用的藤架型,在将葡萄藤压倒至地面进行覆土时和第二年开春出土展藤时,葡萄藤的弯折处非常容易出现断裂,这会给葡萄园造成巨大损失。

经过多年的研究与尝试,焉耆盆地产区的生产者们开始广泛采用传统的多主蔓扇形架型和近年来流行的两种特殊架型种植葡萄,分别被命名为极具中国特色的厂字形架型和独龙干形架型(厂字形架型实际是独龙干形架型的一种)。

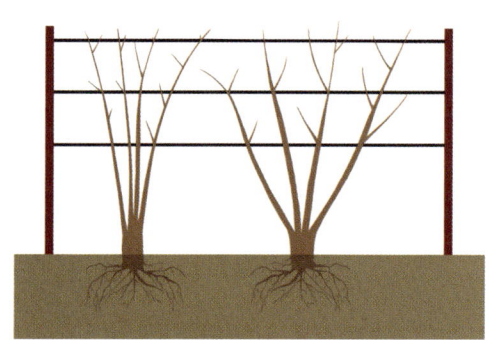

图3-27 多主蔓扇形架型

多主蔓扇形架型(图3-27)是新疆地区一种传统的垂直整形方式。这种整形方式的特点是主侧蔓多,冬季进行长梢修剪,培养成多条主蔓的中型扇形树形,在北方地区易于埋土防寒越冬。

厂字形架型(图3-28)一般需要3年左右的时间培养即可成型,其葡萄的主蔓被人为保

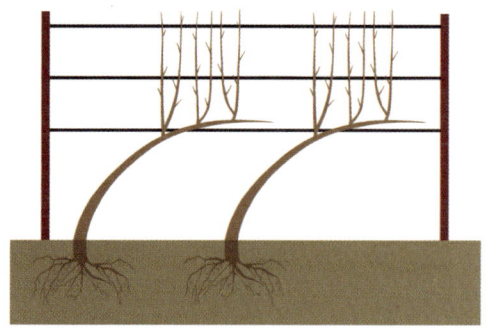

图3-28 厂字形架型

留并绑扎为与地面倾角小于45°的状态。当葡萄萌芽后,让结果枝垂直向上生长,这样做的好处是维持葡萄结果带处在合适位置的同时,降低冬季埋土压藤时的伤害。冬季剪枝后,只需顺势将主蔓压倒即可,因为没有大角度弯折,所以对葡萄藤的伤害很小。这种厂字形属于水平整形的一种,一般采用单干的模式。

独龙干架型(图3-29)则是保留并培养一个多年生结果主蔓和至少一个新枝作为延长头。生长季来临后,则在主蔓上培养多个结果新枝,并顺势绑扎,形似龙形故得此名。这种架型的好处同样是在冬季埋土时可以将主蔓的弯折伤害降到最低。这也属于垂直整形的一种方式。

焉耆盆地产区还有一种值得一提的架型方式,这也是乡都酒庄多年来为了减少埋土成本并最大程度地减少对葡萄藤的伤害而研发的一种专利模式——"飞雁式架型"(图3-30)。这种整形方式有两个结果母枝,对称平行固定,像飞行中展开双翅的大雁而得名。这种方式具有修剪简单、埋土压苗容易、夏剪工作量减少、肥料及灌溉用水量降低等优点。

为了冬季埋土时方便拖拉机作业,焉耆盆地产区的田间行间距往往达到3.5米以上。这虽然降低了亩产量,但为每一株葡萄树带来了充足的阳光和通风,同时对阻断真菌和霉菌病的滋生和蔓延起到了很大的作用,成为这里有机种植的基础要素之一。

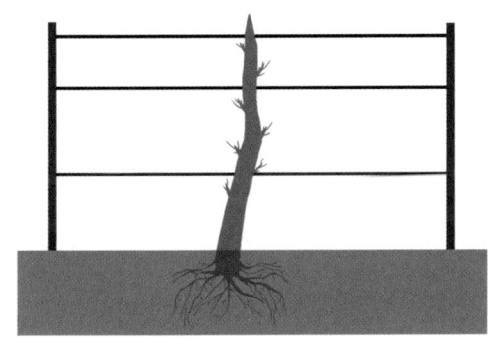

图 3-29 独龙干架型

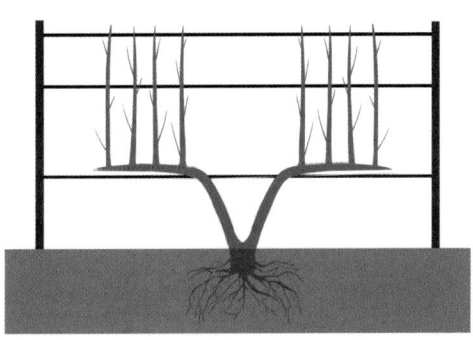

图 3-30 飞雁式架型

董基春 摄

第四章

这里的产区
这里的酒庄

高速发展的焉耆盆地产区

初具规模的小产区

屡获大奖的优秀企业

焉耆盆地产区葡萄园与酒庄位置如图4-1所示。

有着优秀风土资源和勤劳生产者的焉耆盆地产区，如今葡萄酒产业已经成为当地经济的重要组成部分和农牧民持续稳定增收的支柱产业。《巴音郭楞蒙古自治州葡萄与葡萄酒产业发展规划》明确了以博斯腾湖为中心，辐射焉耆、和硕、博湖、和静县的"一湖四县百庄"的整体葡萄酒产业布局，积极打造葡萄酒产业的综合发展。目前已经初步形成了七个星小产区、和硕小产区、南山小产区和223团小产区四个具有一定产业规模的小产区，种植酿酒葡萄面积12万亩，约占全国的10%、全疆的40%。

截止到目前，全州葡萄酒（汁）设计加工能力近8万吨，实际加工能力5万吨；培育葡萄酒加工企业及酒庄近40家，并已发展成为国家、自治区、自治州级农业产业化龙头企业。形成了以乡都、天塞、中菲、瑞峰、芳香、元森、国菲（瑞泰青林）、馨玉、百年、轩言、米澜、西丹、冠龙、合硕特等为代表的一批知名葡萄酒品牌，多款葡萄酒多次在国际大奖赛中获得金奖、银奖、铜奖，得到业界的信任和市场的充分认可，这也使得焉耆盆地葡萄酒产业初具规模。

第一节

七个星小产区

焉耆七个星小产区位于博斯腾湖西岸的焉耆县七个星镇，紧邻G218国道两侧，霍拉山山前冲积扇中部，是焉耆盆地葡萄与葡萄酒产业发展最早的部分，可以说焉耆盆地产区起步于此。这里葡萄酒产业集中度高，多家精品酒庄在这里创立发展，种植面积达到5.8万亩。

这里还拥有独具特色的旅游资源，其中最著名的就是七个星佛寺遗址，这是古丝绸之路上的重要文化遗存。七个星佛寺遗址始建于晋代，一直延续到宋元，总面积约4万平方米。如今残存佛塔、僧房、大小殿堂等建筑共93处，是新疆地区仅存的一处集佛塔、佛殿和石窟于一体的佛教建筑群遗址，它不仅是印度佛教东传和中原佛教西渐过程中的重要遗址，也是古焉耆的佛教中心，晋代大和尚法显曾在此讲经。

第四章　这里的产区　这里的酒庄

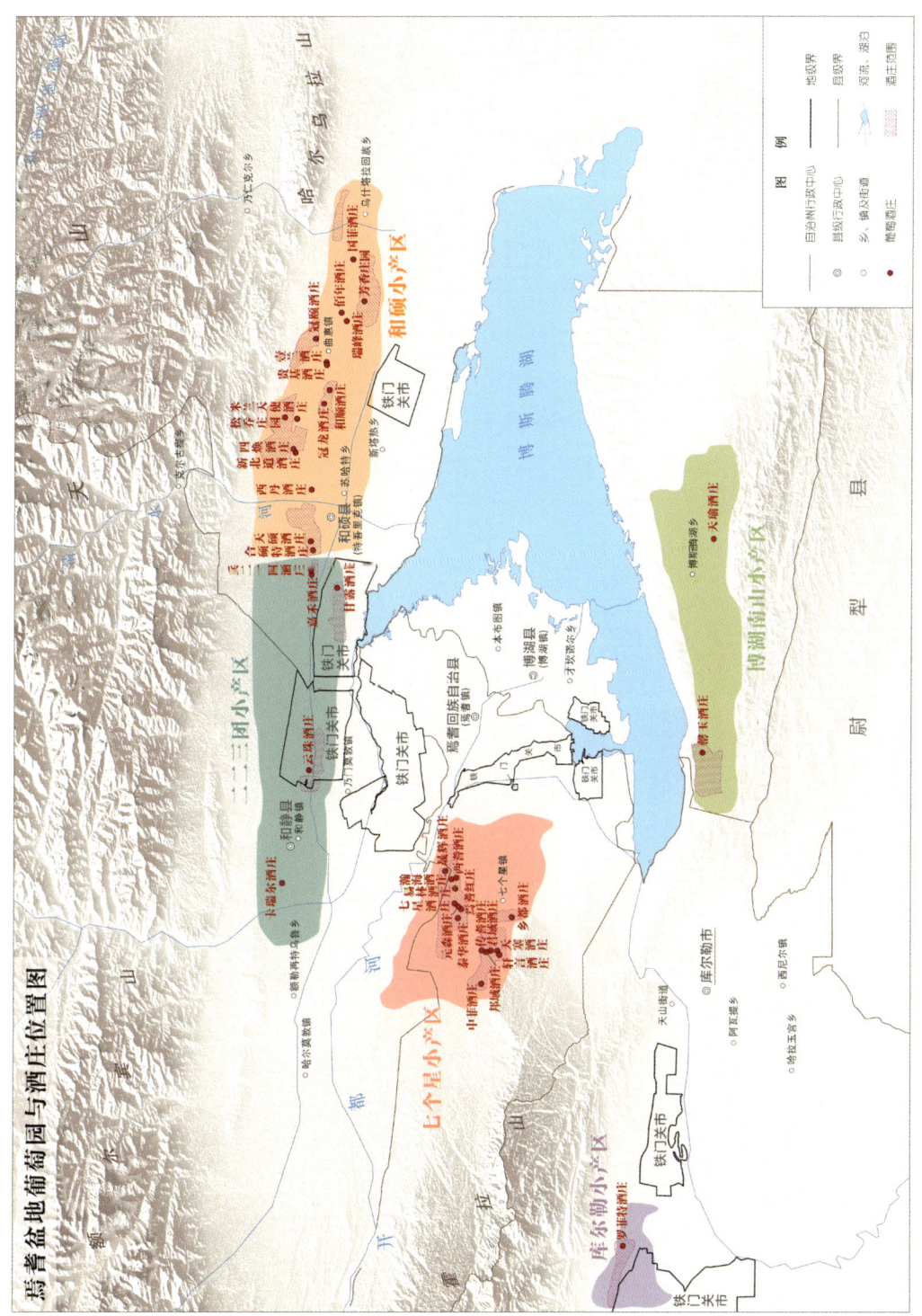

图 4-1　焉耆盆地产区葡萄园与酒庄位置图

一、小产区风土简介

七个星镇的名称是蒙古语"希格辛"的谐音,意为"三角叉"。因七个星镇地形上窄下宽,形似蒙古长袍的衣叉而得名。七个星镇位于天山山脉霍拉山南坡,属山前洪积–冲积扇倾斜平原,地势西高东低,平均海拔1100米。主要山脉为霍拉山,境内最高峰霍拉峰海拔达3647米。

七个星小产区气候呈现典型的温带大陆性气候特征,降水稀少、蒸发量大,光照充足,热量丰富。多年平均气温为15℃,1月平均气温为-8.7℃,7月平均气温为24.8℃。无霜期年平均186天,最长达190天,最短为182天。年平均日照时数为3328.9小时,年总辐射量为627千焦。年平均降水量为280毫米,降雨集中在夏秋季节。年平均蒸发量接近1800毫米。地表水以开都河为主,年均径流量近35亿立方米,占焉耆盆地总水量的85%。此外,该产区的地下水资源也非常丰富,不仅储量多、水质好,而且埋藏深、涌水性能好。

二、主要种植葡萄品种

赤霞珠、马瑟兰、西拉、品丽珠、美乐、蛇龙珠、马尔贝克、霞多丽、贵人香、玫瑰香等品种。

三、代表企业

乡都酒庄、天塞酒庄、中菲酒庄、元森酒庄、轩言酒庄、西耆酒庄等。

1. 焉耆盆地产区创始酒庄——乡都酒庄

乡都酒庄见图4-2。

图 4-2　乡都酒庄

企业名称：新疆乡都酒业有限公司

所属小产区： 七个星小产区

公司简介：

新疆乡都酒业有限公司于2002年成立，同年建厂投产，2004年上市销售，是焉耆盆地第一家规模化种植酿酒葡萄并进行深加工的酒庄。作为AAA级工业旅游示范基地，公司设有葡萄酒文化馆、健康科技体验馆以及乡都忆里民宿等丰富的旅游资源。

"乡都"音译于法文"Les Champs D'or"一词，意为"金色的田野"，也有"葡萄故乡　美酒之都"之意，既蕴含了新疆巴州作为葡萄传统家园的深意，也代表创始家族乃至整个企业的创业梦想。

乡都葡萄酒一直秉持"好葡萄酒是种出来的"这一理念，并在2004年就获得了"有机食品"认证。公司始终坚持"将责任扛在肩上"的社会责任感，在带动一方产业的同时，也在新疆市场建立了良好的口碑。乡都葡萄酒曾获"新疆著名商标""中国驰名商标"和"新疆维吾尔自治区农业产业化龙头企业"等重要社会荣誉。

按照乡都"随身随性"的酿造理念，创造了乡都独特的发展模式，开启和引领了焉耆盆地产区葡萄酒产业发展新时代。乡都酒庄生产乡都干白葡萄酒、乡都干红葡萄酒、乡都金贝纳干红葡萄酒、乡都拉菲特干红葡萄酒、乡都安东尼干红葡萄酒、乡都典藏干红葡萄酒、白兰地等数款不同风格的葡萄酒与白兰地产品，是当地葡萄酒企业中产品线最为丰富的酒庄。

此外，公司坚持全产业链综合发展，配套建设有酿酒副产品精深加工的完整系统，出产葡萄籽油、保健食品和面膜化妆品等高附加值产品，促进新疆葡萄与葡萄酒相关产业与循环经济的发展，为新疆葡萄与葡萄酒行业的发展带来新的机遇，为当地社会主义新农村建设带来显著的经济、社会和生态效益。

认证情况：

"中国酒庄酒"认证；

ISO9000质量体系认证；

HACCP（国际食品安全质量体系）认证；

中国首批葡萄酒"有机食品"认证；

"绿色AA食品"认证；

中国驰名商标；

新疆著名商标；

AAA级全国工业旅游示范景区。

团队主要人员介绍：

乡都酒业董事长、创始人：李瑞琴

> 来自山东的"新疆李奶奶"，有着"乡都铁娘子"之誉，是一位有着传奇经历的知名企业家。她有着众多的兼职身份：巴州葡萄酒协会会长、自治区女企业家联合会名誉会长、巴州工商联（商会）副会长、巴州女企业家协会名誉会长、新疆维吾尔自治区区域品牌经济发展促进会标准委员会委员等。在她的领导下，乡都酒业被《中外管理》称为中国企业家精神的高地。

乡都酒业CEO：邹积赟

> 曾留学法国六年学习葡萄酒酿造和市场营销，毕业于CFPPA国际葡萄酒学院。现任中国食品工业协会葡果酒专家委员会专家委员、新疆酿酒工业协会专家委员会副主任、第十二届新疆维吾尔自治区政协委员、巴州政协常委委员、巴州工商联副主席、新疆欧美同学会（新疆留学人员联谊会）常务理事。他曾获新疆维吾尔自治区科学技术进步奖、焉耆县劳动模范和开发建设巴州奖章等荣誉称号。

乡都酒业总酿酒师兼生产总经理：杨华峰

> 博士，正高级工程师，任中国酒业协会中国葡萄酒技术委员会专家委员、中国食品工业协会葡果酒专家委员会专家委员。国家酿酒标准化技术委员会葡萄酒分委员会委员、《中外葡萄与葡萄酒》编委会委员、《科普中国》专家和《疆企长镜头》专家顾问等。主持完成十余个省部级科技研发与推广项目，拥有十余项发明专利及实用新型专利，曾荣获省级科技进步一等奖、三等奖等。他多次担任国内外葡萄酒重大赛事评委，先后荣获焉耆县葡萄产业

| 先进个人、开发建设巴州奖章、开发建设新疆奖章、全国五一劳动奖章等荣誉。

乡都酒业葡萄种植管理技术顾问：丹尼尔·菲什尔（澳大利亚）
| 植物生物学博士，葡萄园管理专家。

乡都酒业酿酒技术顾问：多米尼克·华（法国）
| 法国勃艮第酿酒师。

主要种植品种：

赤霞珠、品丽珠、马瑟兰、西拉、蛇龙珠、歌海娜、霞多丽、贵人香。

地址及联系方式：

焉耆县葡萄产业园区七个星镇
0996-2039577

游客接待能力：

国家AAA级旅游景区，可同时容纳200人以上参观游览并拥有可提供30间亲子客房的乡都忆里民宿。

主要产品：

乡都金贝纳干红葡萄酒
葡萄品种： 赤霞珠。
产品风格： 该干红葡萄酒香气馥郁，融合了佐料的辛香和黑色浆果的甜香。入口单宁细腻，口感醇和，回味悠长，是乡都酒业的经典入门级干红葡萄酒，也是乡都酒业广受好评的大单品。

乡都安东尼干红葡萄酒

葡萄品种：10年以上藤龄的赤霞珠。

产品风格：该产品采用冷浸渍控温发酵工艺酿成后，再在法国原装进口的橡木桶中陈酿12个月。葡萄带入的红色浆果、胡椒等香气与橡木桶赋予的香兰素、可可以及淡淡的桂皮等香气协调融洽且有层次，酒体紧致，口感均衡，细腻的单宁、适宜的酸度及中等紧致的酒体使得乡都安东尼赤霞珠干红葡萄酒既可细品，又可豪饮。

仪尔乡都典藏干红葡萄酒

葡萄品种：18年以上藤龄的赤霞珠及品丽珠混酿。

产品风格：该产品采用冷浸渍控温发酵工艺酿成，在中度烘烤的法国橡木桶中陈酿14个月。色呈深紫红色，橡木桶赋予的香兰素、咖啡及可可等香气与成熟充分葡萄本身的黑色浆果、果酱及佐料等的香气协调融洽、馥郁怡人，酒体饱满，口感均衡，单宁细腻丰富，余味长久，具有焉耆地产葡萄酒的典型风格。

纯真年代甜白葡萄酒

葡萄品种：霞多丽、贵人香。

产品风格：纯真年代甜白葡萄酒采用迟采工艺葡萄酿造而成，酒体呈浅金黄色，充满了蜂蜜、黄杏、甜瓜、槐花、杏仁等纯净的甜香，酒体中等，入口生香，甜美怡人，优雅且悠长，一如那份美好的纯真。

乡都XO白兰地

产品风格：基酒采用沙斯拉葡萄经现代工艺发酵酿造。蒸馏采用法国干邑传统铜质壶式蒸馏器复法精馏而成，橡木桶陈酿醇化的时间长达10年以上。长时间的橡木桶陈酿使得乡都XO白兰地香气馥郁，入口醇润，余味绵延纯净且持久，是优质白兰地中的精品。

产品主要获奖清单（图4-3）：

图 4-3 系列部分获奖证书

2. 中国名庄先行者——天塞酒庄

天塞酒庄见图4-4。

图 4-4　天塞酒庄

企业名称：新疆天塞酒庄有限责任公司

所属小产区： 七个星小产区

公司简介：

天塞酒庄创建于2010年，位于新疆焉耆优质葡萄酒产区。公司始终秉承"自然有疆　美好无界"的品牌理念，将2800亩戈壁荒漠转变为葡萄绿洲，打造出一座集葡萄种植、葡萄酒酿造、主题旅游观光、葡萄酒文化推广等功能于一体的现代化、简约风格的高端体验式酒庄。

"天塞"之名，其一源于100多年前德国蔡司公司制造的一款经典镜头"天塞"，酒庄以之命名，意在向经典与百年传承致敬；其二源于酒庄的地理位置，酒庄坐落在新疆天山脚下焉耆盆地，寓意"天山脚下，塞外庄园"，天塞酒庄也是这片戈壁的风土代表。

自成立以来，斩获国内外顶级赛事大奖近500项，荣登2024胡润中国葡萄酒酒庄TOP10，并作为国际政要接待用酒出现在第六届中国国际进口博览会晚宴上。天塞酒庄还两度荣获 RVF 中国优秀葡萄酒评选的"年度最佳酒庄"，并被评为天猫年度十大中国精品葡萄酒品牌。该酒庄的葡萄酒两度成为 APEC 中小企业工商论坛唯一指定葡萄酒，与世界知名水晶酒杯品牌RIEDEL联合发布"RIEDEL天塞酒庄T95马瑟兰杯"。天塞酒庄先后获评中国酿酒葡萄种植示范基地、中国干旱地区葡萄酿酒研究中心、国家级酿酒葡萄栽培标准化示范区、第八届光彩事业国土绿化贡献奖、国家级放心酒工程·示范企业、新疆首批工业旅游示范基地。

历经十四年的发展，天塞酒庄已成为新疆巴州乃至中国精品葡萄酒的领军品牌，首创天塞霞多丽女神大赛，举办首届中国葡萄酒推广先锋人物评选；连续十二年发布生肖酒；举办五届天塞酒庄采收音乐节，邀请知名音乐人公益演出，线上线下受众广泛，在当地引起显著社会效应。年产优质葡萄酒500余吨，产品销售网络覆盖国内55个地、市，远销英国、法国、日本、新加坡等海外市场。

认证情况：

中国酒业协会首批"中国酒庄酒"认证；
葡萄与葡萄酒双有机认证。

团队主要人员介绍：

天塞酒庄庄主：陈立忠

知名企业家。从繁华的北京走进沙漠戈壁的陈庄主给人的印象是知性、严谨、认真。作为酒庄领导者，陈立忠积极履行企业社会责任，在幸福员工生活、提升员工技能、培养行业人才、参与公益事业、振兴乡村建设以及践行社会职责等方面做出了表率。她曾被The Drinks Business誉为"中国葡萄酒十大最具影响力女性"，获评中国第八届"光彩事业国土绿化贡献奖"以及国际女性葡萄酒及烈酒业界大奖"可持续愿景奖"。

天塞酒庄葡萄酒顾问：李德美

教授，国家高级酿酒师、品酒师，中国农学会葡萄分会副理事长，中国园艺学会葡萄与葡萄酒分会副理事长，中国葡萄酒技术委员会副主任委员，中国食品工业协会葡果酒专家委员会副主任委员，全国酿酒标准化技术委员会葡萄酒分委会副秘书长兼委员以及《中外葡萄与葡萄酒》编委。曾获世界十大最具影响力的葡萄酒顾问、世界葡萄酒界最有影响力50人和法国农业成就骑士勋章等殊荣。多次担任国内外重大葡萄酒赛事评委，并被多个地方政府聘为葡萄酒产业顾问。

天塞酒庄酿酒师：Lilian Carter

曾担任澳大利亚数家著名酒庄酿酒师，拥有多年在中国的酿酒经验。

天塞酒庄少庄主：朱莉莉

知名葡萄酒科普博主"少庄主今天醒酒"账号主理人。

主要种植品种：

霞多丽、西拉、马瑟兰、赤霞珠、美乐、品丽珠。

地址及联系方式：

新疆巴州焉耆县葡萄产业园区华葡园
010-87725676，0996-6322222

游客接待能力：

国家AAA级旅游景区。

主要产品：

天塞精选霞多丽干白葡萄酒

葡萄品种：100%霞多丽

产品风格：此款酒采用天山南麓焉耆盆地出产的霞多丽葡萄经气囊压榨机压榨取汁，澄清后低温发酵酿造而成。呈稻草黄色边缘泛青绿色；具有新鲜的热带水果（如菠萝）香气，并伴随着柑橘和青蜜瓜的香气；入口纯净，爽脆活泼，新鲜果味与些许奶质感相互交织。

天塞酒庄T20霞多丽干白葡萄酒

葡萄品种：100%霞多丽

产品风格：此款酒采用天山南麓焉耆盆地天塞酒庄精选地块出产的霞多丽葡萄经气囊机压榨取汁澄清后低温发酵酿造而成。色泽呈禾秆黄带绿色调，澄清透亮；散发出柑橘、白花的香气伴有些许橡木烘烤香；入口清新活泼，口感爽脆，果味中夹带些许矿物质味道，非常平衡。

天塞酒庄T50西拉干红葡萄酒

葡萄品种：100%西拉

产品风格：此款酒采用天山南麓焉耆盆地天塞酒庄精选地块出产的西拉葡萄酿造而成。色泽呈浓郁的深紫红色；西拉的品种特点体现得淋漓尽致，紫色花朵香气混合着黑色浆果香，伴随着茴香、黑胡椒等香料气息，并夹杂着香草香和咖啡香；入口甜美柔顺，结构平衡协调，余味清爽干净，优雅精致。

天塞酒庄T95马瑟兰干红葡萄酒

葡萄品种：100%马瑟兰

产品风格：此款酒采用天山南麓焉耆盆地天塞酒庄精选地块出产的马瑟兰葡萄酿造而成。色泽呈浓郁的深紫红色；香气馥郁，充满黑樱桃、桑葚等黑色水果香气，间或有桂圆、中草药气息，浓郁的果香与法国橡木桶带来的烘烤香、香草香和谐相融；入口饱满丰盈，单宁细腻丰富，回味悠长，充满活力。

天塞庄主珍藏干红葡萄酒

葡萄品种：100%赤霞珠

产品风格：此款酒采用天山南麓焉耆盆地出产的优质赤霞珠葡萄酿造而成。色泽呈深宝石红色，酒体澄清，散发成熟的黑色水果香气以及优质法国橡木桶带来的奶油、香草和咖啡香。其香气奔放，单宁丰富、密集丝滑，酒体饱满，结构完整，回味悠长。

产品主要获奖清单：

天塞精选霞多丽干白葡萄酒2016，荣获2018世界霞多丽大赛金奖；

天塞酒庄T20霞多丽干白葡萄酒2018，荣获2021亚洲霞多丽大赛金奖；

天塞酒庄T50西拉干红葡萄酒2020，荣获2023 Decanter（品醇客）世界葡萄酒大赛金奖；

天塞酒庄T95马瑟兰干红葡萄酒2019，荣获世界顶级评酒师詹姆斯·萨克林团队评分——93分、2022布鲁塞尔国际葡萄酒大赛大金奖；

天塞庄主珍藏干红葡萄酒2019，荣获世界顶级评酒师詹姆斯·萨克林团队评分——94分、2022年香港国际美酒品评大赛金奖。

3. 马瑟兰在焉耆的最大家园——中菲酒庄

中菲酒庄见图4-5。

图 4-5　中菲酒庄

企业名称：新疆中菲酿酒股份有限公司

所属小产区： 七个星小产区

公司简介：

中菲酒庄位于新疆巴州焉耆县七个星镇霍拉山脚下，于2009年开发，是一家集葡萄种植、葡萄酒酿造、酒文化宣传和旅游度假为一体的综合型酒庄。中菲酒庄拥有葡萄园面积1万亩，酒庄建筑由世界知名设计公司意大利阿克雅结合焉耆盆地本土自然与人文特点设计，总建筑面积约5万平方米，其中包括8000平方米地下恒温酒窖。葡萄酒所有生产环节均在酒庄内完成。

中菲酒庄秉持"善待自然"的理念，将1万亩戈壁变成了葡萄绿洲。酒庄在开拓之初从园中移出3000余吨石块；为了改善贫瘠的土质并提高地力，每年购入4000立方米有机羊粪施以田地；铺设600千米滴灌管道，用最节水的滴灌方式对葡萄园进行灌溉。中菲酒庄始终坚持人与自然和谐相处的理念，大力发展绿色经济，为环保献出自己的力量。

目前，中菲酒庄旗下葡萄酒实现了多元化的酒品细分市场，共推出5个系列涵盖了14个品类的葡萄酒，包括干杯系列、尽欢系列、尊享系列、马瑟兰系列和珍藏系列，分别针对不同消费群体，包括热衷环保人士、爱好果香即饮的大众人群、口感丰富的葡萄酒爱好者以及注重风土特色的葡萄酒收藏者。多款葡萄酒在市场获得极高评价，并在国内外重大赛事中荣获大金奖、黑金奖、金奖等300多项大奖。

认证情况：

中国有机产品认证；
首批"中国酒庄酒"认证。

团队主要人员介绍：

中菲酒庄创始人：纪昌锋

自2009年开创中菲酒庄，他始终秉承"善待自然"的品牌价值观。他怀揣着酿造属于中国人自己的葡萄酒梦想，将万亩戈壁化成葡萄绿洲，中菲酒庄因此被誉为"愚公酒庄"。

中菲酒庄首席酿酒师：张炎

RVF中国"年度最佳酿酒师"，国家一级品酒师，2015年与2016年曾连续当选国家级葡萄酒评委，连续多年被新疆地区评为中国最佳酿酒师，在"RVF中国优秀葡萄酒2015年度大奖"中获选"年度最佳酿酒师"。

主要种植品种：

马瑟兰、赤霞珠、西拉、美乐、品丽珠、霞多丽、威代尔。

地址及联系方式：

新疆巴州焉耆县葡萄产业园区华葡园
400-8017897

主要产品：

中菲酒庄珍藏马瑟兰干红葡萄酒

葡萄品种：100%马瑟兰

产品风格：此款酒采用新疆焉耆盆地限产马瑟兰葡萄，在专利敞口罐中发酵，再经法国橡木桶陈酿而成。酒体呈明亮的深紫红色，清澈透亮，果香浓郁，具有黑色水果、荔枝和桂圆干香气，伴随少许香草和咖啡气息。口感强劲，单宁细腻，酒体圆润饱满，回味干净悠长。建议在15～17℃饮用。

中菲橡木桶陈酿马瑟兰干红葡萄酒

葡萄品种：100%马瑟兰

产品风格：此款酒采用马瑟兰葡萄并经过12个月的法国橡木桶陈酿而成，具有明显的紫罗兰花香和黑色水果、荔枝、桂圆干的香气，入口柔顺，单宁细腻度表现突出，口味浓郁，果味充沛，酒体醇厚，余味悠长甘甜，符合大多数国人口味。

中菲马瑟兰干红葡萄酒

葡萄品种：100%马瑟兰

产品风格：此款酒采用新疆焉耆盆地限产马瑟兰葡萄，部分酒液经法国橡木桶发酵陈酿而成。酒体呈明亮的深紫红色，清澈透亮，果香浓郁，香气清新，具有黑色水果以及荔枝、桂圆干香气。口感平衡，中等酒体，回味干净悠长。建议在15～17℃饮用。

产品主要获奖清单：

多个酒款在市场获得极高评价，在国内外重大赛事荣获大金奖、黑金奖、金奖等300多项大奖（图4-6）。

2018 布鲁塞尔国际葡萄酒大赛大金奖；

2021中国国际葡萄酒·马瑟兰大赛大金奖；

2022布鲁塞尔国际葡萄酒大赛金奖；

2023CWS发现中国·中国葡萄酒发展峰会金奖；

2023首届中国国际葡萄酒大赛大金奖；

2023新疆昌吉"一带一路"国际葡萄酒大赛金奖；

2023IWGC国际葡萄酒（中国）大奖赛大金奖；

2018英国Decanter（品醇客）世界葡萄酒大赛金奖；

2018布鲁塞尔国际葡萄酒大赛大金奖；

2018 Decanter（品醇客）亚洲葡萄酒大赛白金奖；

2019 WINE100葡萄酒大赛最佳中国葡萄酒；

2019 WINE100葡萄酒大赛黑金奖；

2023首届中国国际葡萄酒大赛金奖；

2023中国国际葡萄酒马瑟兰大赛金奖。

图4-6 系列部分获奖证书

第二节
和硕小产区

和硕小产区位于博斯腾湖北岸哈依都它乌山和包尔图乌拉山的山前冲积扇上，坐落于吐和高速南北两侧，自西向东分布于塔哈其镇、曲惠镇、特吾里克镇、乌什塔拉回族乡一线。这里不仅有多家大型葡萄酒生产企业，也有很多小型精品酒庄，种植面积达6万亩。2015年，国家市场监督管理总局（原国家质检总局）批准对"和硕葡萄酒"实施地理标志产品保护，这也是新疆首个地理标志葡萄酒产区。

和硕有着丰富的红色旅游资源，"两弹一星"的摇篮——马兰基地就位于和硕县，这是我国重要的军事纪念基地之一，"两弹元勋"程开甲、邓稼先等10位院士和29位将军曾在这里工作生活。马兰基地中的马兰红山军博园，2011年被列为国家红色旅游项目第二批经典名录，园中的红山核武器试爆指挥中心旧址，2013年被确定为第七批全国重点文物保护单位。这里见证了"两弹一星"成功研发的宏伟事业，是党史、新中国史的重要组成部分。

一、小产区风土简介

和硕系蒙古和硕特部落名，意为"先遣部队"。西汉在乌垒（今轮台县境）设西域都护府，标志着该地区纳入祖国版图。1946年和硕县成立，这里东、南、北三面环山，中间地势低平。最高峰位于哈依都它乌山的克尔克台峰，海拔4199.10米，最低处为博斯腾湖岸边，海拔1047米，两者高低相差3000多米。整体地势呈现西北高、东南低的特征。因地壳上升幅度不同，由北而南呈凹形。县境西北有哈依都它乌山，西南比邻我国最大的内陆吞吐淡水湖——博斯腾湖，中部是由周围山麓向博斯腾湖倾斜的冲积平原。

和硕县北部山区属半湿润半干旱气候，春夏季降水湿润，秋冬季降雪寒冷。东南部山区属干旱性荒漠气候，夏季少雨干旱，冬季少雪干冷。三面环山的山前冲积扇平原属中温带干旱性大陆气候。平原地区，受三面环山的遮蔽，年平均风力不大。受北部山区冷湿空气影响，加上博斯腾湖湖水对气候的调节作用，大部分地区气候温和，多晴日，日照时数高。历年平均气温8.7℃，历年年降水量98.70毫米，历年蒸发量1731毫米，历年平均日照时数3079.30小时，历年平均无霜期178天，历年最大风速18米/秒。

和硕小产区虽然境内有发源于天山支脉哈依都它乌山南麓冰川区的清水河、曲惠沟、乌什塔拉河三条山溪性河流以及从开都河引水的解放二渠北干渠等地面水源，但因为气候干燥、降水稀少、植被覆盖率低，这里的水资源仍然非常珍贵。

二、主要种植葡萄品种

赤霞珠、西拉、品丽珠、蛇龙珠、马瑟兰、沙别拉维、贵人香、雷司令、霞多丽、小白玫瑰等品种。

三、代表企业

芳香庄园、国菲酒庄、冠颐酒庄、佰年酒庄、瑞峰酒庄、贵基酒庄、冠龙酒庄、米兰天使酒庄、合硕特酒庄、帝奥酒业、新北道酒庄。

1．戈壁滩上的世外桃源——芳香庄园

芳香庄园见图4-7。

图4-7　芳香庄园

企业名称：新疆芳香庄园酒业股份有限公司

所属产区：和硕小产区

公司简介：

新疆芳香庄园酒业股份有限公司，2001年成立，注册资本达18700万元，其以农业产业化高科技企业之姿，集种植、加工、销售、科研于一体。自2004年起，荣获国家级农业产业化龙头企业称号，2016年获得"国家地理标志保护产品"认证。2020年，成为生态环境部首批认定的有机食品生产示范基地。2021年，入选《新疆特色农业好产品名录》，同时被中国酒类流通协会评为"放心酒工程·示范企业"。

芳香庄园拥有年产万吨的葡萄酒厂，建设了两个总面积约6400平方米的地下酒窖，具备30万瓶瓶装酒的仓储能力。自主耕耘2万余亩生态酿酒葡萄园，坚持"高标准、好品质"的企业标准，秉承"好葡萄酒是种出来的"企业理念，从种植到灌装，全程由酒庄严格管控，确保每一颗葡萄都源自庄园。

产品自上市以来，广受好评，荣获400余项国际国内葡萄酒大赛的金银大奖，连年摘金揽银。我们致力于实现"献给世界一瓶好葡萄酒"的目标，以匠心精神，为消费者带来高品质的葡萄酒体验。

认证情况：

国家级农业产业化龙头企业；

中国现代农业示范基地；

新疆著名商标；

"国家地理标志保护产品"认证；

自治区农业农村厅纳入《新疆特色农业好产品名录》；

中国酒类流通协会评定为"放心酒工程·示范企业"。

团队主要人员介绍：

芳香庄园庄主、品牌创始人：吴磊

> 拥有拓荒者的勇气，坚守"好葡萄酒是种出来的"信念。深信唯有培育出优质葡萄，方能酿造出真正的美酒。致力于酿造属于中国人的葡萄酒，以一杯佳酿致敬中国两千年的葡萄酒文化，致敬盛唐的辉煌，更致敬这个能以个人梦想实现中国梦的伟大新时代。

芳香庄园首席酿酒师：杜展成

> 国家一级品酒师、酿酒师、葡萄酒评酒委员、新疆葡萄酒专家技术委员、酿酒大师、高级工程师。杜展成创新工作室荣获"自治区劳模和工匠人才创新工作室"，个人荣获"和硕县劳动模范"等荣誉称号。

主要种植葡萄品种：

赤霞珠、美乐、霞多丽、雷司令。

地址及联系方式：

新疆巴州和硕曲惠乡11区-01#芳香庄园

0996-5984660

主要产品：

芳香庄园雷司令干白葡萄酒

葡萄品种：100%雷司令

产品风格：此款酒采用现代先进工艺技术精心酿造而成，酒色呈禾秆黄绿色，澄清透明，果香浓郁，散发着青柠、菠萝的水果香气，口感柔细，酒体清爽。

芳香庄园霞多丽干白葡萄酒

葡萄品种：100%霞多丽

产品风格：此款酒采用现代先进工艺技术精心酿造而成，该酒呈淡黄绿色，澄清透明，果香浓郁，香气完整，味柔细清爽，酒体丰满肥硕，收结干净，回味还有丝丝果香萦绕口中。

芳香庄园金奖赤霞珠干红葡萄酒

葡萄品种：赤霞珠

产品风格：本品色泽呈迷人的宝石红色，有浓郁的黑加仑浆果香和黑胡椒的风味，风味醇厚，单宁坚实，酒体丰满，平衡十分出色，富有结构感，收结完美，回味兼备深度和长度。

产品主要获奖清单：

第九届亚洲葡萄酒质量大赛金奖；

2014 DSW首届中国精品葡萄酒挑战赛最佳白精品葡萄酒奖；

帕耳国际有机葡萄酒大奖赛金奖；

第四届中国精品葡萄酒挑战赛金奖、最佳性价比奖；

2018"一带一路"（宁夏·银川）国际葡萄酒大赛金奖；

第六届国际葡萄酒大赛金奖；

第七届国际葡萄酒博览会最佳性价比奖。

2．平衡惊艳的西拉产地——国菲酒庄

国菲酒庄见图4-8。

图 4-8　国菲酒庄

企业名称：新疆瑞泰青林酒业有限责任公司

所属小产区：和硕小产区

公司简介：

新疆瑞泰青林酒业有限责任公司，成立于2011年4月，2012年投产。位于新疆巴州和硕

县乌什塔拉乡，北邻天山山脉，南濒中国最大内陆淡水湖——博斯腾湖。

酒庄占地面积50亩，总建筑面积12978平方米，行政办公及生活服务设施用地1420平方米，是一家集葡萄种植、酿酒、灌装、旅游于一体的现代化精品酒庄。酒庄基本组成单元包括葡萄原料基地、发酵车间、灌装车间、地下酒窖、办公楼、公寓楼、污水处理站、休闲设施、配套附属设施及其他如葡萄酒文化展示厅。

酒庄自有葡萄基地2000亩，其中防护林333亩，葡萄种植地1667亩，距酒庄仅3千米。酒庄年生产能力1500吨，储存能力2000吨，现有酿酒葡萄品种霞多丽、雷司令、赤霞珠、西拉、马瑟兰等，出产干红、干白、甜白以及半甜白等充满个性风格的葡萄酒。

同时酒庄也是产教融合发展的典范，与西北农林科技大学、石河子大学等建立良好的战略合作关系，是巴州工业旅游示范基地、自治州产业化龙头企业、民族团结进步模范单位、开发建设巴州奖状、中国葡萄酒新锐酒庄、巴州葡萄酒协会副会长单位、葡萄酒学院理事会理事单位。

认证情况：

"中国酒庄酒"认证；
ISO90001质量体系认证；
中国有机产品认证：双认证（种植、加工）；
新疆巴州林业局葡萄种植示范园。

团队主要人员介绍：

国菲酒庄庄主：张博

国家一级品酒师，国家一级酿酒师，中国酒业协会葡萄酒分会白兰地评委，从优秀的人民法官转变为年轻的酒庄庄主，为适应市场潮流和趋势，他全身心投入酒庄的管理和运营，使酒庄更加年轻化和专业化。

国菲酒庄首席酿酒师：成正龙

国家一级品酒师，国家一级酿酒师，国家级葡萄酒评酒委员，新疆酒业协会葡萄酒分会专家委员，新疆维吾尔自治区葡萄酒品酒大师，新疆维吾尔自治区劳动模范，西北农林科技大学葡萄酒学院创业导师，年度风云酿酒师。

主要种植品种：

西拉、赤霞珠、美乐、马瑟兰、霞多丽、雷司令。

地址及联系方式:

新疆和硕县乌什塔拉乡

0991-5623111

主要产品:

国菲西拉干红葡萄酒

葡萄品种：100%西拉

产品风格：此款屡获大奖的葡萄酒呈现着深邃的宝石红色，香气奔放且复杂，黑色水果混合着香料的浓郁香气扑鼻而来，入口平衡且饱满，香甜感十足又不会过于甜腻，回味干净且悠长。

国菲庄主珍藏马瑟兰红葡萄酒

葡萄品种：100%马瑟兰

产品风格：这是一款呈现深宝石红色的葡萄酒，清澈透明有光泽，果香浓郁，香气清新，散发黑色水果香气的同时，还伴有香料、咖啡、焦糖和椰奶的甜美香气，入口圆润，酒体饱满，结构分明，爽净平衡，回味悠长。

产品主要获奖清单:

公司种植团队获中国酒业协会卓越种植师团队，所酿制产品近年来共获得奖项215个（图4-9），其中国外奖项78个，国内奖项137个。

第四章 这里的产区 这里的酒庄

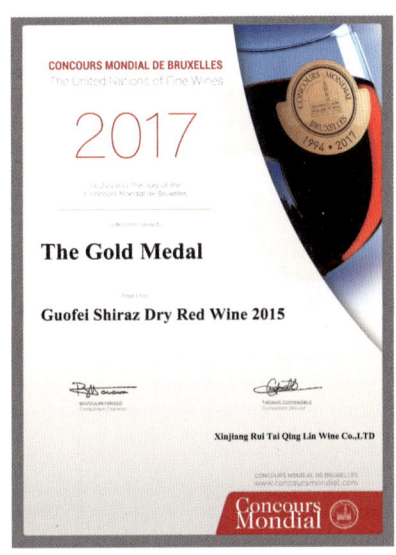

图 4-9 系列部分获奖证书

3．玉石之路上的美酒传说——冠颐酒庄

冠颐酒庄见图4-10。

图 4-10 冠颐酒庄

企业名称：新疆冠颐酒业有限公司

所属小产区：和硕小产区

公司简介：

新疆冠颐酒业有限公司是由新疆国源集团和一名自然人股东投资组成的股份制有限责任公司，是一家集酿酒葡萄有机种植、葡萄酒生产加工、中国葡萄酒文化传播推广、研学休闲、旅游度假等业务于一体的农业企业。公司正式成立于2015年，注册资本为人民币5000万元。2017年投资兴建冠颐酒庄，并在当年形成原酒生产能力。2019年取得生产许可，产品正式上市销售。公司于2011年开始种植酿酒葡萄1250余亩，包括赤霞珠、蛇龙珠、霞多丽、贵人香和黑皮诺五个品种。公司以"打造百年中式精品酒庄"为发展愿景，以"品质造就品牌，品位成就未来"为事业宗旨，以"合和共赢，携手发展"为运营模式，以"和硕风土，中国风骨"为发展目标，致力于在和硕优质葡萄酒产区进行科学有机种植和生态管理，以保证原料自然纯正和优质有机。

冠颐品牌的名字来自于《易经》27卦——颐卦，意思是春天大地回暖，万物养育，君子依时养贤育民。葡萄酒在中国，尤其是古代西域地区，拥有非常悠久的历史。其强大的生命力和影响力，经历几千年，传递无数人，依旧流光不减，魅力常在。人文历史给它评论是非，语言文字给它提炼精华，诗词歌赋给它添加韵味。满怀着对历史的虔诚，公司从浩如烟海的文献中寻找大量依据，收集了一定数量与葡萄酒有关的各类文物资料，特别是酒器、古时西域流行的各种钱币以及古西域酿酒场景复原等一、二、三级文物200余件，公司创建西域葡萄酒文化博物馆，2022年被自治区文物局授予特色博物馆之一，在有限的空间让灿烂的西域乃至中国历代葡萄酒文化得以展现。

认证情况：

西域葡萄酒文化博物馆2022年被新疆维吾尔自治区文旅厅授予特色博物馆，入选《新疆维吾尔自治区特色博物馆名录》；

中国有机产品生产和加工双认证；

中国酒业流通协会"放心酒企业"认证；

"葡萄酒酒庄证明商标"授权；

巴州工业旅游示范基地；

国家级科技型中小企业。

团队主要人员介绍：

冠颐酒庄庄主：魏德昌

中共党员，甘肃省甘南藏族自治州合作市人。1992年毕业于解放军西安陆军学院，步兵指挥专业，本科学历。2010年自主择业，担任新疆国源农业发展有限公司总经理，2015年担任新疆冠颐酒业有限公司总经理，于2019年取得中国一级品酒师资格认证。2021年荣获中国酒业流通协会企业贡献奖，2022年入选自治区"天山英才——优秀工程师"培养计划。

冠颐酒庄首席酿酒师：冯晓辉

毕业于西北农林科技大学葡萄酒学院，葡萄酒工程专业硕士。国家一级品酒师，一级酿酒师，国家级葡萄酒评酒委员，新疆维吾尔自治区葡萄酒评委，南疆酿酒师协会秘书长，入选自治区"天山英才——优秀工程师"培养计划。

主要种植品种：

赤霞珠、蛇龙珠、美乐、黑皮诺、贵人香。

地址及联系方式：

新疆和硕县曲惠镇老城村一队东侧

19909943000

主要产品：

冠颐橡木桶蛇龙珠干红葡萄酒

葡萄品种：90%蛇龙珠和10%赤霞珠

产品风格：酒体呈深宝石红色，澄清透亮，香气馥郁复杂，植物、香料芳香气丰富，与橡木桶陈酿带来的香草、咖啡香气完美融合，入口轻盈顺滑，优雅活泼，余味令人愉悦。

冠颐橡木桶赤霞珠干红葡萄酒

葡萄品种：赤霞珠

产品风格：酒体呈深宝石红色，澄清透亮，馥郁的黑色小浆果香气与橡木桶陈酿带来的香草、咖啡香气完美融合。入口圆润平衡，丝滑细腻，余味悠长。

冠颐茶葡萄酒

葡萄品种：贵人香葡萄

产品风格：茶葡萄酒以冠颐贵人香葡萄和精选顶级绿茶为原料，采用西域古法和现代工艺结合精心酿制而成。酒体呈浅金黄色，飘逸着兰花、水蜜桃、甜瓜、蜂蜜及热带水果的馥郁香气。口感甜而不腻，香而不艳，滋味醇和清爽，回味绵长持久。

冠颐蛇龙珠特酿干红葡萄酒

葡萄品种：蛇龙珠

产品风格：酒体呈深宝石红色，澄清透亮，树莓、樱桃等红色浆果与树叶、沙枣花等植物类香气丰富，与陈酿带来的奶油、烘烤香气协调，入口优雅细腻，回味绵长。

产品主要获奖清单：

2020年WINE100葡萄酒大赛金奖；

2020年WINE100葡萄酒大赛银奖；

和硕2021文化旅游季（冠颐茶葡萄酒）和硕酒单十佳；

2021新疆丝绸之路葡萄酒大赛铜奖；

2021新疆丝绸之路葡萄酒大赛金奖；

2022IGC葡萄酒及烈酒大奖赛金奖；

FIWA 2022 秋季法国葡萄酒大赛银奖（蛇龙珠）；

2022IGC葡萄酒及烈酒大奖赛中国蛇龙珠TOP5；

2022秋季FIWA法国国际葡萄酒大赛金奖（赤霞珠）；

第十届亚洲葡萄酒质量大赛（赤霞珠）银奖；

第十届亚洲葡萄酒质量大赛银奖；

2022年第一届中国果酒挑战大奖赛金奖（茶葡萄酒）；

2022IGC葡萄酒及烈酒大奖赛铜奖；

2022亚洲质量大赛赤霞珠金奖；

2022亚洲质量大赛霞多丽金奖；

2022亚洲质量大赛消费者金奖；

2023第八届中国国际精品葡萄酒及烈酒挑战赛"两金一银"；

2023中国酒协"青酌奖"（蛇龙珠特酿）；

2023亚洲质量大赛金奖（茶葡萄酒）。

4. 年轻态市场化的标杆——佰年酒庄

佰年酒庄见图4-11。

图4-11　佰年酒庄

企业名称：新疆佰年庄酒业有限公司

所属小产区　和硕小产区

公司简介：

新疆佰年庄酒业有限公司，位于巴音郭楞蒙古自治州和硕县曲惠镇218国道旁，2007年开始种植酿酒葡萄，2010年建成酿酒车间生产葡萄酒。

酒庄现共有酿酒葡萄基地3019亩，其中今年新增标准化种植基地450亩。基地全部种植酿酒葡萄。

酒庄拥有每小时2000瓶灌装生产线一条，年生产300吨的蒸馏型果酒即白兰地生产线一条，可容纳1200只橡木桶的恒温酒窖一座以及可储存120万支瓶装酒的多功能地库一座。目前酒庄有橡木桶927个、发酵罐90个、储酒罐大小108个和冷冻罐9个。

酒庄基本组成单元包括葡萄原料基地、葡萄酒生产车间、葡萄酒文化展示厅、休闲设施、配套附属设施等，是一个集葡萄种植、酿酒、灌装、旅游于一体的葡萄酒庄。2021年9月荣获巴州工业旅游示范基地；2023年10月荣获巴州农业产业化重点龙头企业。

酒庄产品至2004年共获各类奖项129个。其中国际奖项27个，国内奖项102个。

认证情况：

"中国酒庄酒"认证；

"中国有机产品认证"加"欧盟有机认证"双有机认证。

团队主要人员介绍：

佰年酒庄庄主：张小伟

> 2007年从IT（信息技术）行业转葡萄酒行业，自费去西北农林科技大学杨凌葡萄酒学院深造学习，持续深耕葡萄酒种植与酿造工作，带领团队不断发展壮大，使得酒庄成长为巴州龙头企业。

佰年酒庄酿酒师、总工程师：张毳

> 西北农林科技大学葡萄酒学院食品工程专业硕士，博士在读，中酒协国家级葡萄酒评委，国家一级品酒师，国家一级酿酒师，天山北麓葡萄酒产业联盟副秘书长兼专家委员会副主任。

主要种植品种：

赤霞珠、美乐、马瑟兰、桑娇维塞、黑比诺、西拉、马尔贝克、小味儿多、玫瑰香、雷司令、霞多丽、长相思等葡萄品种。

地址及联系方式：

和硕县曲惠镇东图呼都克村

0996-5981919

主要产品：

佰年庄黑比诺有机干红葡萄酒

葡萄品种：100%黑比诺

产品风格：葡萄采用有机法种植和酿造，人工采摘和穗选；在敞口发酵罐中温控发酵；在新橡木桶中苹果酸-乳酸发酵并陈酿3个月，后倒桶入三次桶中陈酿9个月；澄清后无菌过滤灌装。酒液呈深邃的宝石红，香气细腻馥郁，轻盈优雅，带有覆盆子、草莓和深色樱桃的迷人芬芳，略伴有烤杏仁的香气。酒体圆润浑厚，其口感如丝绸般细滑，成熟饱满，结构分明有张力，恰到好处的回甘，余韵绵长。

佰年庄马瑟兰有机葡萄酒3399

葡萄品种：100%马瑟兰

产品风格：深宝石红色酒体清澈透亮，黑色浆果气息香甜而浓郁，淡淡薄荷气味果香充沛，酸度平衡，酒体饱满圆润，单宁强劲细腻、温润内敛。

佰年庄小甜甜低度桃红葡萄酒

产品风格：明亮的淡粉色，如晨曦中的朝霞，少许小气泡摇曳杯中，草莓、香梨、甜桃香气讨喜怡人。口感细腻，甘甜新鲜，香气芬芳，爽口中带着自然的温柔，轻松驾驭各类美食，是社交聚会的热场神器。

产品主要获奖清单：

2022年法国国际有机葡萄酒大奖赛大金奖；

2021年宁波国际葡萄酒挑战赛大金奖；

2021年亚洲葡萄酒质量大赛消费金奖；

2021年中国国际葡萄酒·马瑟兰大赛金奖；

2021年亚洲葡萄酒质量大赛金奖；

2022年京东葡萄酒感官评价活动金奖；

2020年国际领袖产区葡萄酒大赛铂金奖。

5．二十余年深耕赤霞珠——瑞峰酒庄

瑞峰酒庄见图4-12。

图 4-12　瑞峰酒庄

企业名称：新疆瑞峰葡萄酒庄有限责任公司

所属小产区　和硕小产区

公司简介：

瑞峰葡萄酒庄成立于2000年，种植面积1000余亩。2009年瑞峰酒庄通过了国家认证

中心的有机种植、酿造审核并保持至今。瑞峰葡萄酒庄位于新疆巴音郭楞蒙古自治州和硕县，北倚天山、南面博斯腾湖。大自然馈赠了充沛的阳光、干爽的气候、纯净的水源和富含矿物质的沙砾土壤，造就了葡萄皮厚色重、滋味浓郁、果穗整洁，从而带来酒体色泽浓郁，热烈饱满，口感细腻充盈而又不失粗狂豪迈之气势。

中式城堡建筑风格的酒庄飘荡着幽悠的酒香和舒缓的佛音，我们怀着虔诚之心，在苍茫的戈壁滩上认真地种植、用心地酿造。

有机种植，自然酿造，为市场提供正确生态的葡萄酒是瑞峰酒庄的经营准则。"纯正有机、天人合一"则是瑞峰葡萄酒庄的宗旨。

认证情况：

中国有机产品认证；

新疆品质认证。

团队主要人员介绍：

瑞峰酒庄庄主：宋洁

宋洁在做外贸时看到法国葡萄酒庄后便有了"中国也应该有这么好的葡萄酒"的念头，2000年带着对生活的热爱、对健康的要求、对土地的关怀以及对环境的责任感，把对葡萄酒的热爱变为事业，从黄海之滨的青岛来到了戈壁荒滩的新疆和硕县曲惠乡，在丈夫和女儿的支持下，她在新疆巴州和硕县曲惠乡种植起来1000余亩有机葡萄种植基地。公司成立以来，宋洁个人先后获得和硕县科技示范先进个人、自治区"三八绿色奖章"、自治州林业先进工作者、和硕县劳动模范、建设巴州奖章等荣誉。

瑞峰酒庄首席酿酒师：管铮

拥有金融和葡萄酒硕士学位，先后申报了5项葡萄酒相关的发明专利，现任巴州葡萄酒协会副会长，曾获山东省大学生创新创业大赛金奖。

主要种植品种：

赤霞珠、西拉、美乐、雷司令。

地址及联系方式：

新疆巴州和硕县曲惠乡

0996-5622728

主要产品：

其叶蓁蓁雷司令白葡萄酒

葡萄品种：100%雷司令

产品风格："其叶蓁蓁"出自《诗经·桃夭》，意为勃勃生机，也是这款雷司令白葡萄酒所传递的感受。本产品仅取酿造自流汁，更好地保留了葡萄的自然香气和风味，充足的阳光赋予了它白花丛、哈密瓜、柠檬和柑橘类的香气，也使得最终的葡萄酒更加纯净和优雅。控温14～16℃在不锈钢发酵罐中酿造而成，在保持果香的同时，提高了酒质的稳定性和口感的细腻度。

臻萃·西拉红葡萄酒

葡萄品种：100%西拉

产品风格：本产品使用两个地块的西拉葡萄混合酿造，不同微气候赋予臻萃·西拉更加复杂的果香和口感。8～12℃低温浸渍48小时后开始酒精发酵，地下酒窖橡木桶陈酿12个月，果香和橡木桶香气结合，馥郁的果香、肉豆蔻和丁香香气伴着优雅的紫罗兰花香，辅以醇厚的烘焙、烟熏香气。酒体呈明艳的紫色，风姿卓越。

瑞峰红赤霞珠红葡萄酒

葡萄品种：100%赤霞珠

产品风格：选自2001年种植的高树龄赤霞珠葡萄酿造，经过地下酒窖一次和二次法国小橡木桶12～18个月陈酿，色泽浓郁，赤霞珠典型的黑加仑香与木桶香有机结合，香气细腻、复杂、馥郁，酒体饱满醇厚，回味悠长。

产品主要获奖清单（图4-13）：

图 4-13　系列部分获奖证书

6. 平价酒庄酒的初心——贵基酒庄

贵基酒庄见图4-14。

图 4-14　贵基酒庄

企业名称：和硕县贵基葡萄酒庄有限公司

所属小产区：和硕小产区

公司简介：

和硕县贵基葡萄酒庄有限公司位于新疆天山南麓、博斯腾湖北岸的葡萄酒优质产区——新疆焉耆盆地和硕小产区，酒庄占地12000平方米，建筑面积3000多平方米，酒庄拥有自己的前处理车间、发酵车间、冷冻车间、灌装车间、地下酒窖、瓶储库、检验室、品酒大厅、会议室、办公室及生活区等。酒庄拥有自有酿酒葡萄种植基地200亩，酒庄年产干红葡萄酒200吨，葡萄蒸馏酒和白兰地10吨。酒庄葡萄酒不仅在国内国际葡萄酒大赛中多次获得奖项，也受到消费者及行业内人士的好评和喜欢。"高贵不贵，贵基酒庄"和"酿造让老百姓喝得起的酒庄酒"为酒庄的宗旨！

团队主要人员介绍：

贵基酒庄总经理：丁学刚

> 毕业于兰州商学院工业企业管理专业，巴州工商联执委，巴州甘肃商会常务副会长，参加西北农林科技大学葡萄酒学院感官分析专家培训班并已结业，国家一级酿酒师，兼酒庄投资人、总经理和酿酒师职位于一身。

主要种植品种：

赤霞珠、西拉、马瑟兰、霞多丽。

地址及联系方式：

新疆和硕县曲惠镇副食品工业园区
0996-5623999，19909960009

主要产品：

贵基橡木桶窖藏干红葡萄酒

葡萄品种：100%赤霞珠

产品风格：此款葡萄酒呈迷人胡宝石红色，色泽饱满，令人赏心悦目，口感醇厚，酸度适中，单宁柔顺，酒体丰满。

贵基庄园利口葡萄酒

葡萄品种：100%赤霞珠

产品风格：酒体颜色呈宝石红色，色泽明亮有光泽，是由干红葡萄酒、葡萄蒸馏酒、黑枸杞和蜂蜜一起经过特殊工艺低温发酵而成，酒精度17.5%，主调为成熟的热带水果味道，有蜂蜜和黑枸杞的香气。

贵基天山烈焰葡萄蒸馏酒

葡萄品种：霞多丽

产品风格：酒体纯净无色，晶莹剔透，口感醇厚甘冽，丰满独特，既有葡萄品种的清新果香，又有蒸馏工艺赋予的纯正酿造香气。酒精度53%。

产品主要获奖清单：

第九届亚洲葡萄酒质量大赛金奖及银奖；

第十二届亚洲葡萄酒质量大赛中贵基天山烈焰葡萄蒸馏酒获得金奖；

贵基庄园橡木桶窖藏葡萄酒获得首届中国国际葡萄酒大赛银奖；

2023"一带一路"国际葡萄酒大赛中丁基诺粒选橡木桶陈酿葡萄酒和贵基庄园橡木桶窖藏干红葡萄酒获得银奖；

2023新疆丝绸之路葡萄酒大赛中贵基庄园橡木桶窖藏干红葡萄酒获得铜奖；

贵基天山烈焰葡萄蒸馏酒荣获中国酒业协会2023年度"青酌奖"酒类新品（国际蒸馏酒、利口酒）称号。

第三节

南山小产区

南山小产区是距离博斯腾湖直线距离最近的小产区，其位于博斯腾湖西南侧。新石器时期，这里就有人群居住放牧。到了汉代，博湖地区属西域都护府管辖，为古焉耆国、危须国所在地。相对其他小产区这里水草丰美、资源丰富，气候较为温和湿润，土地平坦，被誉为鱼肥、草茂、粮多的"塞外江南"。如今，这里的葡萄种植面积已达3000亩。

一、小产区风土简介

南山小产区位于焉耆盆地东南部，南邻海拔3000米左右的高山，旁边大湖相伴。地貌可分为现代开都河三角洲平原区、博斯腾湖水域沼泽区、库鲁克塔格山区和山前的库代力克冲积平原区四部分。整个地形属新生代断陷盆区，处于天山主脉与支脉之间，地势南北高，中间低，呈碟状谷地。

南山小产区春季气温多变，干旱少雨，夏季干燥炎热，秋季降温较为迅速，冬季寒冷，蒸发量大，全年多晴日，光能资源丰富，日照时数高。由于天山对北方冷空气的阻挡，加之受博斯腾湖水的调节，与其他小产区相比，这里气候温和，热量适中，干热风少，空气也较为湿润，展现出独特的中温带大陆性荒漠气候特征。这里年平均气温为9.7℃，全年降水量60.7毫米，全年无霜期212天。因邻博斯腾湖使得这里水资源相对丰富。

二、主要种植葡萄品种

赤霞珠、美乐、贵人香、玫瑰香等葡萄品种。

三、代表企业

馨玉酒庄、天瑜酒庄。

大湖边的旅游酒庄——馨玉酒庄

馨玉酒庄见图4-15。

图4-15　馨玉酒庄

企业名称：新疆馨玉酒庄有限公司

所属小产区：南山小产区

公司简介：

新疆馨玉酒庄有限公司成立于2015年2月，位于新疆焉耆盆地产区博斯腾湖的西南。由金恪控股集团和巴州博湖县政府共同开发建设。馨玉酒庄占地108亩，拥有2.23万亩生态葡萄园和1000亩特色林果采摘体验园，资产规模超4亿元。园区主体建筑采用充满民族特色的合院式布局，特色餐饮、高端酒店、会议服务、健身休闲等相关设施一应俱全，是一家集葡萄种植、葡萄酒生产、销售、研发及品鉴、旅游为一体的大型综合性酒庄。

酒庄起点定位很高，拥有完善的基础设施和先进的精良设备。紧邻的博斯腾湖如同巨大的天然空调，调控着葡萄园的温度和湿度，湖面反射的大量蓝紫光赋予葡萄深邃的颜色和独有的风味物质。独特的微气候使南山小产区具备了种植优质酿酒葡萄所需的一切自然条件。

认证情况：

葡萄酒"酒庄酒"证明商标；
自治区休闲旅游特色精品葡萄酒庄；
国家AAA级旅游景区；
巴州工业旅游示范基地。

团队主要人员介绍：

总经理兼酿酒师：张瑛莉

> 国家级葡萄酒评委，西北农林科技大学葡萄酒学院工程硕士，二十余年来，初心不改创新不止，坚持扎根新疆，实践经验丰富，常远赴法国、意大利、澳大利亚、美国等国家参观学习，在技术层面上保证了酿酒的专业化和国际化。

主要种植品种：

赤霞珠、美乐、马瑟兰、西拉、品丽珠、小味儿多、马尔贝克、霞多丽、白玉霓。

地址及联系方式：

新疆巴州博湖县博斯腾湖阿洪口景区西南
0996-6762902

主要产品：

馨玉酒庄橡木桶窖藏干红葡萄酒

葡萄品种： 赤霞珠

产品风格： 此款酒采用焉耆盆地南山小产区馨玉酒庄限产葡园里的赤霞珠葡萄精酿而成。该酒呈现出黑醋栗、黑李子等黑色水果香气，果香优雅悦人，橡木香气细腻协调，带有烟熏、黑巧克力、丁香等气息，单宁顺滑，酒体丰满强壮、醇厚悠长。

馨玉漠琼橡木桶窖藏干红葡萄酒

葡萄品种： 赤霞珠

产品风格： 此款酒采用焉耆盆地南山小产区馨玉酒庄葡园里的优质赤霞珠葡萄酿造而成。品种香气突出、特征明显，果香酒香优雅，香草、太妃糖及橡木香气复杂且协调。陈酿香与果香平衡，单宁细腻紧实，酒体平衡优雅。

第四章 这里的产区 这里的酒庄

馨玉酒庄®馨余年加强赤霞珠葡萄酒

葡萄品种：赤霞珠

产品风格：此款酒采用逐串逐粒精选的晚采赤霞珠葡萄低温浸渍发酵，发酵后期加入白兰地，经橡木桶24个月陈酿而成。酒液呈亮丽宝石红色，酒香和橡木香气复杂且协调。入口甜美，单宁细腻紧实，酒体纯净顺滑，余味略感矿物气息和灼热感，回味悠长，风格典型。

馨玉酒庄®悦饮半甜白葡萄酒

葡萄品种：霞多丽

产品风格：半甜型葡萄酒，颜色透亮，酒体爽净，青苹果与果味硬糖的香气和口感，适合冰镇新鲜饮用。

产品主要获奖清单（图4-16）：

图 4-16 系列部分获奖证书

第四节

223团小产区

233团小产区是一个特殊的小产区，其包含和静县及新疆生产建设兵团2师223团、21团、24团等地的葡萄园，和静县及兵团2师的葡萄园位于焉耆县北、和硕县西、博斯腾湖西北方向。作为焉耆盆地产区新兴小产区，目前种植面积仅3000亩。和静县历史文化悠久，距今3000年的西周至春秋时期就有古人类在此居住繁衍。1771年，蒙古族土尔扈特部完成了人类历史上最后一次民族大迁徙——从俄国伏尔加河流域东归祖国定居和静，东归文化得到世世代代蒙古族人民的传承与发展。此外，和静县也是蒙古族《江格尔》史诗的重要流传地，蒙古族长调、刺绣、骨雕等民间艺术在民间广为流传。

223团小产区有着丰富的旅游资源，自然景观奇特多样，包括国家级天鹅自然保护区、具有"小桂林"之称的奎克乌苏石林、避暑疗养胜地巩乃斯森林公园和阿尔先温泉、浩特萨拉瀑布、造型独特的满汗王府以及新疆最大的喇嘛教庙宇——巴仑台黄庙。

一、小产区风土简介

233团小产区气候类型属于中温带大陆性干燥气候，四季分明，干燥少雨，光热条件充足，无霜期长。年平均气温8.8℃；年降雨量68毫米；年蒸发量2100毫米；年日照时数2942小时；全年无霜期为183天；0℃积温3995℃；10℃积温3565℃，期间降水量57毫米，日照1716小时；年平均大风日数22天。

这里春季冷暖空气交替频繁，春季3月份气温回升最明显，平均气温日较差15.5℃，春季平均大风日数9天，占到全年大风日数的42%，大风风力强，破坏力大，最大风力曾达到11级。夏季日平均气温相对稳定，最高气温一般出现在7月，夏季月平均气温一般在22～23.5℃，平均气温日较差14.5℃，35℃以上的高温天数年平均只有2.9天，历年极端最高气温为39.7℃。一日最大降水量49.5毫米，夏季平均降水量为42.6毫米，占全年降水量的63%。秋季降温快，11月中旬进入封冻期，初霜一般出现在10月上旬的末期。冬季寒冷，降雪少，风少，天气稳定，最大冻土深度为148厘米。

二、主要种植葡萄品种

赤霞珠、美乐、马瑟兰、霞多丽、贵人香等葡萄品种。

三、代表企业

兵二十四团、卡瑞尔酒庄。

军魂缭绕的焉耆美酒——兵二十四团

兵二十四团见图4-17。

图 4-17　兵二十四团

企业名称：新疆兵二十四葡萄酒业有限公司

所属小产区： 223团小产区

公司简介：

新疆兵二十四葡萄酒业有限公司成立于2010年，隶属于新疆塔里木绿洲农业发展有限公司，2024年经兵团整合成为新疆中新建农牧有限责任公司的二级子公司，主营葡萄酒生产与销售。公司位于第二师二十四团314国道南侧，占地面积34亩，贮酒能力2500吨，年加工葡萄能力2000吨。

公司以"兵二十四"为核心品牌，以"酒承岁月，品质卓越"为产品理念，致力于为消费者提供高性价比的葡萄酒。

认证情况：

葡萄酒和葡萄有机认证。

团队主要人员介绍：

法人代表兼执行董事：董永军

生物工程专业本科学历，从事葡萄酒行业15年，他是公司第一位酿酒技术人员，见证了兵二十四葡萄酒从无到有，再到发展壮大的全过程。从事企业管理十余年，拥有丰富的企业管理经验。

酒庄酿酒师：胡玉红

西北农林科技大学葡萄酒学院本科及硕士学位，一级酿酒师、一级品酒师，中国酒协国家级评委。

酿酒师团队成员：赵志亮

生物工程专业本科学历，三级酿酒师。

主要种植品种：

赤霞珠、马瑟兰。

地址及联系方式：

新疆巴州和硕县二十四团314国道南侧

400-9606099

主要产品：

冰小淘甜桃红葡萄酒

葡萄品种：100%赤霞珠

产品风格：产品经短浸渍、低温清汁保糖发酵工艺酿造而成。呈现出迷人的浅桃红色泽，富有黄桃、甜樱桃、苹果、花香等气息，浓郁芬

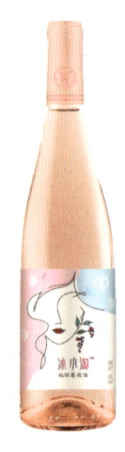

芳，入口甜美多汁，满口生香，净爽持久。略加冰镇，饮一口如夏日黄昏后那一丝清爽温柔的浪漫。

兵二十四天赐干红葡萄酒

葡萄品种：100%赤霞珠

产品风格：该产品经严格粒选、控温发酵、十二天浸渍酿造而成，经法国橡木桶熟化12个月。该酒呈诱人的石榴红色，富有香草、奶油、焦糖、果干、龙葵果、桑葚等气息，浓郁饱满，层次丰富，入口顺滑饱满，单宁紧实丝滑，回甘好，极具陈酿潜力。

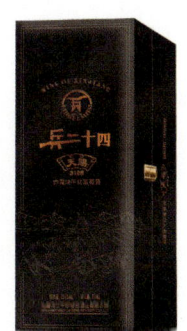

兵二十四军垦9赤霞珠干红葡萄酒

葡萄品种：100%赤霞珠

产品风格：该产品酒体呈深宝石红色，释放成熟黑樱桃、黑莓和覆盆子等黑色水果的芬芳，交织着焦糖、烤巴旦木气息，入口单宁犹如丝绒般顺滑，且在咽下后仍能感受到持久的回味。该酒整体平衡感好，有品种典型特性。略低的酸度与回甘，使得酒体圆润肥美，衬托得单宁更加丝滑，也使得整个品饮体验既有力道又不失优雅。

产品主要获奖清单：

五星级干红葡萄酒，荣获第十二届亚洲葡萄酒质量大赛金奖；
天赐干红葡萄酒，荣获中国首届国际葡萄酒大赛金奖；
军垦9干红葡萄酒，荣获中国首届国际葡萄酒大赛银奖；
冰小淘甜桃红葡萄酒，荣获十四届亚洲葡萄酒质量大赛金奖；
雪韵精选干红葡萄酒，荣获十四届亚洲葡萄酒质量大赛金奖和市场金奖。

董基春 摄

第五章

焉耆美酒
与天下美食

自古吃喝不分家

让焉耆盆地葡萄酒

走入万千变化的餐桌

第一节

中国餐桌的餐酒搭配原则

一、餐酒搭配的起源与发展

所谓"餐酒搭配"的概念起源于欧洲,在葡萄酒与欧洲餐饮结合的环境下,很多人发现不同食物搭配不同葡萄酒,会产生不一样的口感变化,慢慢便形成了一些固定搭配,例如高酸清爽的干白葡萄酒搭配生蚝等。中国人以前从不提餐酒搭配的说法,于是很多人说中国人没有餐酒搭配,其实不然。自古以来,中国人就讲究吃喝不分家,通常喝酒都会用相应的小菜或者肉类下酒,正是在这种文化背景下,才有了当今"但凡吃了一粒花生米也不会醉成这样"的幽默调侃语句,这些实际上也是中国人约定俗成的餐酒搭配。

然而,当欧洲的餐酒搭配方案传入中国后,却出现了明显的水土不服,这是由于中西方餐饮结构的巨大差异,例如西方餐饮经常说清爽的干白葡萄酒非常适合搭配鱼肉料理,这是因为在大多数西方餐饮中,鱼肉的料理方式追求突出鱼的鲜味或者腌渍鱼肉的咸鲜味道。但是中餐被认为是世界上最为复杂的料理体系,鱼肉的做法几乎可以说是千变万化,从生食到红烧,从清蒸到烤制,甚至还有臭鳜鱼这样味道超级浓烈的特色菜,这样的复杂程度是外国人很难理解的。因此,餐酒搭配需要一套更加适合中国环境的方法。结合前文所提到的葡萄酒味型概念,我们一起深入探讨焉耆盆地葡萄酒在中国餐桌的餐酒搭配逻辑。

二、餐酒搭配中心法则

1. 高酸清爽型白葡萄酒的餐酒搭配

高酸清爽型白葡萄酒闻起来和喝起来都会让人觉得新鲜、有果味且清爽,通常酒精度不高。在酿造和陈酿过程中都不使用橡木桶,而是在不锈钢发酵容器里酿造的,酿成酒后直接过滤装瓶。有的产区的此类酒还带有矿物质的风味。通常酸味也会比较突出清爽感,所以这些酒口感略带刺激性。

此味型的白葡萄酒搭配中国菜,其适用范围很广,基本上适合于所有口感清淡的鲜爽味型菜肴、鲜味味型菜肴以及凉菜等。例如清蒸桂花鱼,新鲜活跃的酸度和鱼肉相结合，能够达到相互提鲜的作用，而酒香也清淡，正好与菜肴相得益彰。同样，非油腻厚重类型的潮汕生鱼片和生腌虾蟹也相当适合配这类酒，而面对老虎菜、凉拌黄瓜等家常凉菜时高酸清爽型白葡萄酒也可以一同开胃醒神，迎接主菜的到来。

2. 成熟芬芳型白葡萄酒的餐酒搭配

通常，你可以从成熟芬芳型白葡萄酒中嗅到桃子、杏、芒果、荔枝等水果的香气以及玫瑰花、月季、槐花、金银花等沁人心脾的花香，而成熟后的酒则会带来金桂花香、蜂蜜、肉桂、丁香的香味。

搭配这类葡萄酒的菜肴通常是比较细腻的食物，而且酱油类的佐料放得少，可以搭配放了香料的鱼类和其他海鲜或河鲜，如加了蒜和葱炒的鱼，由于酒很香，菜香一些刚好与之相辅相成。同样这类酒也可以来配鲜嫩度比较高的牛羊肉，如小牛肉、羊羔肉，或是用酱过的牛肉来配也相当可口，就像红肉般的香煎三文鱼肉或者虹鳟鱼也可以与这类葡萄酒搭配。

3. 复杂饱满型白葡萄酒的餐酒搭配

复杂饱满型白葡萄酒大多会经过橡木桶的陈酿，受到橡木桶的影响，它们大多是丰满的、浓郁的，也禁得起陈年。通常这类白葡萄酒都会经过苹果酸-乳酸发酵过程，使酒中不仅增加橡木、香草、烟熏气味，还添加黄油、烤面包等气味，而酒中的果香会更多地表现为番石榴、木瓜、芒果、菠萝等热带水果的味道。

此味型的白葡萄酒入口的口感浓郁、温暖，通常不适合搭配清新口味的鱼肉及新鲜的海鲜，例如广东菜风味的清蒸鱼就不适合搭配此类酒，而较为浓厚的酱汁烹调的海鲜是可以与之搭配的。此味型的酒也适合了配烧烤类的食物，同时，加奶油烹调的食物也很好与之搭配。

4. 酸甜可口型白葡萄酒的餐酒搭配

酸甜可口型白葡萄酒往往带有桃子、菠萝、苹果和柑橘的香气，而且还带有蜂蜜的甜美口感，香甜却不过分甜腻，很多酒还会呈现一些芬芳的花香。这种风味的呈现与中餐常见的酸甜口味的菜品非常搭配，无论是菠萝咕咾肉还是松鼠鱼，乃至很多淮扬菜中加入酱油和糖的菜肴都能够很好地搭配。

中餐并非单一调味，而更多呈现出复合调味的特性，糖的使用非常普遍，只要有甜感味型存在的菜肴，就不容易和酸甜可口味型的白葡萄酒发生冲突，你可以大胆尝试搭配。

5. 甜美浓郁型白葡萄酒的餐酒搭配

甜美浓郁型白葡萄酒有着非常浓郁和甜美的口感，厚重黏稠的酒体，蜂蜜般甜蜜的回味，在中餐的搭配中有其局限性。因为中餐大部分甜品和甜食的甜度与西餐不在同一水平，这种味型的酒大多会掩盖中餐食物的风味特征。然而，在搭配一些质地黏糯且口感香甜的中餐甜食时，搭配少量此种味型的葡萄酒仍然会取得很好的效果。例如，醪糟黑芝麻汤圆或者五仁火腿月饼都可以尝试与之搭配。

6. 清新果味型红葡萄酒的餐酒搭配

清新果味型红葡萄酒的适用范围也广，可以在吃头盘沙拉的时候一起享用，如果搭配中国菜的话，它也可以作为开餐用酒，搭配凉菜享用，给一餐带来美好的开端。

如果搭配中餐正餐，只要不是过于讲究的便餐或常规商务接待，用这类酒来搭配都不容易出错。特别是浓油赤酱的上海菜，这类酒清口去腻。需要注意的是，大多数这种味型的红葡萄酒口感上都较为简单直接，若当天的商务接待较为重要，则建议更换为干爽平衡味型的红葡萄酒。

7. 干爽平衡型红葡萄酒的餐酒搭配

对于干爽平衡味型的红葡萄来说，其虽然不太适合搭配清淡和讲究鲜美口感的海鲜类菜肴，但是它们和其他味型的菜品搭配不容易出错，其搭配场景更为广泛。

此外，中国人对红葡萄酒认知程度更高，在中餐餐桌上如果喝葡萄酒，没有红葡萄酒会显得较为奇怪，这时候此味型的酒还可以作为传统中式围餐或宴席全局一支酒的搭配。由于其干爽平衡的特点，虽然不容易出彩，但也不容易出现强烈的冲突错误而影响用餐体验。

8. 强劲有力型和复杂宏大型红葡萄酒的餐酒搭配

强劲有力型和复杂宏大型红葡萄酒的单宁大多厚重，通常有着浓郁的浆果风味，不过在它们成熟度不足的时候，会有明显的生青气味，完全成熟的优秀酒款，在橡木桶陈酿后会带来巧克力、咖啡、烟草、皮革、烟熏等气息。

单宁重的红葡萄酒酒精度通常较高，且年轻时单宁的紧涩感会让人张不开嘴，对我们味蕾感官带来直接的刺激。这两个味型的红葡萄酒是不容易配餐的，特别是在尚未成熟时，和辣、甜、淡的食物搭配都不适合，和辣的菜搭配本身会更辣，和甜的菜搭配导致发苦，和淡的菜结合更会掩盖过菜味。如果要配酱味重的菜，最好等这类酒完全成熟后再来饮用。中国西北地区的菜肴是个不错的搭配选择。如果需要搭配其他地区的菜品，可以同餐厅沟通，充分醒酒之后，让酒自身的单宁柔和感增加后，再来搭配中餐，推荐搭配的菜品还是以中餐中具有嚼劲口感的菜肴为主。

需要注意的是，对于复杂宏大味型的红葡萄酒，除非必要，一般不建议配餐饮用。因为餐酒搭配的过程，食物风味会影响到酒款丰富变化带来的体验，让人对酒款的愉悦度和期待值下降,更建议单独品鉴饮用这类葡萄酒。

9. 成熟甜香型红葡萄酒的餐酒搭配

成熟甜香型红葡萄酒大多有着浓郁的颜色、柔和的单宁、顺滑的口感以及香料的风味。经过橡木桶的陈酿后,它们还会带来香草、烟草等香气。在年轻时期,它们通常有着丰富的果味,如成熟的红色和黑色浆果味,而它们的果味通常是香甜美好,非常容易让人接受。成熟后口感又会更加厚重,很受入门消费者的喜爱。

此种味型的红葡萄酒就中国菜而言,非常适合浓郁酱汁味型的红烧菜肴,如红烧肉、酱焖肘、东坡肉等菜品,搭配效果非常平衡,也适合于用肉丝炒的蔬菜或者稍微带点酸味的菜。此外,它们还可以搭配辣菜,甜美的口感突出辣菜的鲜爽,而如果同时有较高的酒精度又会让辣味更加突出,对于喜欢吃辣的人来说也是不错的选择。

此种味型的酒很多也会带有明显的香料气息,所以和许多香料的气味非常协调,比如说肉桂、孜然、迷迭香等,因此,它们也适合搭配烤鸡肉串、烤五花肉等。但需要注意的是,若用这种味型搭配部分用香料掩盖肉类腥膻的菜品,比如香辣羊蝎子、新疆烤全羊、潮汕卤鹅等,可能会突出肉类腥膻味,造成不好的口感体验。

10. 起泡酒的餐酒搭配

起泡酒相较于静止酒,最大的不同就在于清爽的气泡,这使得它更多的作为烘托气氛的存在,经常出现在正式宴会的开胃酒环节。如果用其配餐可以参考类似风味的白葡萄酒进行搭配。然而,近年来起泡酒更多被作为一种文化符号解读,因此出现了诸如"起泡酒配万物"的说法,自己可以在实践中尝试体验。

第二节

新疆美食与焉耆美酒的搭配

新疆,这片位于中国西北边陲的广袤土地,以其独特的地理环境、多元民族文化以及丰富的物产,孕育出了丰富多样的美食文化。新疆美食因其鲜明的地域特色、浓郁的民族风情、独特的烹饪技法和丰富的口感层次，吸引了无数喜爱美食之人。新疆独特美食文化的形成主要归因于以下几点。

（1）丝绸之路的交融　新疆作为古丝绸之路的重要通道，历史上东西方文明在此交汇，贸易往来频繁。来自中亚、西亚、欧洲等地的商人、使节和僧侣等带来了各自地区的饮食文化，这些文化与当地民族的饮食习惯相互融合，形成了新疆美食多元化的特质。

（2）民族迁徙与融合　新疆是一个多民族聚居的地区，主要有维吾尔族、汉族、哈萨克族、回族、蒙古族、柯尔克孜族、塔吉克族、锡伯族、乌孜别克族、满族、俄罗斯族等。各民族在长期共处过程中，饮食文化相互影响，形成了丰富多彩的新疆美食。如维吾尔族的手抓饭、羊肉串、烤包子，哈萨克族的马肠子、纳仁，回族的拉面、大盘鸡等，都是各民族饮食文化交融的产物。

（3）新疆还有着非常丰富的美食物产

①丰富的谷物：新疆盛产优质小麦、玉米等谷物，为制作各类面食如馕、拉条子、手抓饭等提供了基础原料。

②多样化的果蔬：新疆的葡萄、哈密瓜、无花果、杏子、蟠桃、苹果、红枣等水果享誉全国。这些水果不仅适合直接食用，还被用于制作各种甜品、果汁、果酱等，丰富了新疆美食的种类。

③特色香料：新疆地区特有的孜然、辣椒、胡椒、茴香、丁香、肉桂等香料，为新疆美食增添了独特的风味。如孜然羊肉、辣子鸡等菜肴中的香料运用，成为新疆菜的一大特色。

所以，如果你来到焉耆盆地产区，你一定要尝尝新疆美食与焉耆盆地本地的特有美食。即使你还没有机会到达焉耆盆地产区，全国各地其实也遍布着各类新疆餐厅等你品尝。下面我们一起以新疆典型美食及焉耆盆地本土特色美食为例，共同来探讨焉耆盆地葡萄美酒的餐酒搭配。

1. 新疆大盘鸡的餐酒搭配

新疆大盘鸡（图5-1），又称沙湾大盘鸡、辣子炒鸡，绝对是全国最著名的新疆美食之一，这是一道具有鲜明地域特色的传统名菜。这道菜以其大盘装盛、色泽红亮、口味鲜辣、肉质鲜嫩、搭配丰富而深受食客喜爱。新疆大盘鸡起源于20世纪80年代的新疆维吾尔自治区塔城地区沙湾县（现为沙湾市），最初是在公路边的饭馆中作为"江湖菜"出现，深受过路司机和旅客的喜爱。随着时间的推移，新疆大盘鸡凭借其独特的风味逐渐走出沙湾，风靡全疆乃至全国，成为新疆餐饮文化的名片之一。

第五章 焉耆美酒与天下美食

图 5-1 新疆大盘鸡

（1）**主料及配菜** 以鸡肉为主，通常选用鸡腿肉或整鸡斩块，要求肉质鲜嫩且带骨，以增添口感。配菜主要包括土豆、青椒、红椒、皮芽子（学名洋葱）等蔬菜。

（2）**酱汁及调料** 常用的调料包括干辣椒、花椒、八角、香叶等香料，生抽、老抽、白糖提供基本的咸、甜、鲜平衡。有的版本还会加入豆瓣酱增加复合辣味，还可能加入少量番茄酱提升风味层次。此外，孜然粉、辣椒粉也常被用来提香增味。

（3）**烹饪方法** 首先将鸡肉洗净斩块，用料酒、盐腌制片刻去腥。随后锅中加油烧热，放入葱、姜、蒜爆香，然后加入干辣椒、花椒、八角、香叶等香料炒出香味。将腌制好的鸡肉块下锅翻炒至表面微焦，使鸡肉收紧出香味。随后加入切好的土豆块，倒入生抽、老抽、白糖等调料，加入适量清水，盖上锅盖，中小火炖煮至土豆熟软，鸡肉入味。最后，加入青椒、红椒、洋葱等蔬菜，快速翻炒均匀，使蔬菜断生，保持其色泽和口感。

（4）**口感特征** 鸡肉多汁且香料味浓郁，土豆经过炖煮后变得软糯，吸收了鸡肉和调料的香味，极其适口；青椒、红椒增添了色彩，提供了微辣与清香；洋葱增加了菜品的甜味和香气。最后，加入一盘手工拉制的皮带面，浸泡入汤汁中，入味又过瘾。

（5）**餐酒搭配** 大盘鸡肉味浓郁，香料气息十足，口感咸香且略带微辣的口感，非常适合与焉耆盆地产区生产的成熟甜香型干红葡萄酒进行搭配。如果追求口味的清爽，也可以使用干爽平衡型或者清新果味型的干红葡萄酒进行搭配。

新疆大盘鸡餐酒搭配推荐酒款

乡都金贝纳系列干红葡萄酒、中菲马瑟兰干红葡萄酒。

2. 新疆抓饭的餐酒搭配

新疆抓饭（图5-2），又称手抓饭，是新疆维吾尔族及其他少数民族的传统主食之一。其历史可追溯至古代西域，与丝绸之路的开通和文化交流密切相关。据传，抓饭起源于波斯，后传入中亚，最终在新疆落地生根，融入了当地的饮食文化。关于抓饭的起源，有一个广为流传的故事：一位医生晚年体弱多病，通过研究食疗，发明了一种用羊肉、胡萝卜、洋葱、大米等食材烹饪而成的饭食。食用后他的身体逐渐康复。这种"药膳"流传开来，逐渐演变为今天的抓饭。新疆抓饭因其独特的烹饪方式、丰富的食材搭配、浓郁的风味和极高的营养价值而深受食客喜爱，是新疆美食文化中不可或缺的一部分。

图 5-2　新疆抓饭

（1）**主料及配菜**　大米、羊排、羊腿等部位肉质鲜嫩的新鲜羊肉、新疆本地的黄色胡萝卜、洋葱、葡萄干、杏干（可选）。

（2）**酱汁及调料**　食用油（清油、羊油）、盐、孜然粉、胡椒粉（可选）。

（3）**烹饪方法**　首先炒制羊肉，向锅中加入羊油或清油，油热后放入羊肉块，用中小火翻煎至两面微黄并散发出香味。当羊肉煎至七八成熟时，加入洋葱炒至微黄，接着放入胡萝卜条翻炒至变软，炒出胡萝卜的甜味。加入适量盐、孜然粉（根据个人口味选择是否添加），翻炒均匀，使羊肉和蔬菜充分吸收调料香味。将炒好的羊肉和蔬菜移至炖锅或电饭煲中，加入适量水（以刚刚没过食材为准），小火慢炖至羊肉熟烂，汤汁浓稠。另取锅煮饭，将煮至七八成熟的米饭捞出，沥干水分，倒入已炖煮好的羊肉和蔬菜锅中，轻轻搅拌均匀，让米饭充分吸收汤汁。盖上锅盖，小火继续焖煮至米饭完全熟透、水分收干，米粒晶莹饱满，与羊肉和蔬菜融为一体。最后，将做好的抓饭盛入大盘中，表面可撒上葡萄干、杏干等干果，增添色彩和口感。

（4）**口感特征**　新疆抓饭集肉类、蔬菜和谷物于一体，营养均衡全面，口感扎实浓郁。羊肉因为长时间炖煮软烂无膻，胡萝卜甜糯无比，米饭颗粒分明，油光透亮且入味，入口松散且风味浓郁。

（5）餐酒搭配　抓饭是一款具有浓郁肉味的主食，而且口感非常饱满。在搭配葡萄酒时，可以考虑从增加清爽感、消解油腻感的角度进行搭配，我们可以选取复杂饱满味型的焉耆盆地霞多丽干白葡萄酒或者清新果味型干红葡萄酒进行搭配。不过如果你能够接受这种油润的口感，也可以从口感匹配的角度进行搭配，可以尝试使用焉耆盆地产区生产的果味甜美浓郁的成熟甜香型干红葡萄酒进行搭配。

新疆抓饭餐酒搭配推荐酒款

佰年庄黑比诺有机干红葡萄酒、乡都县花干红葡萄酒、天塞珍藏霞多丽干白葡萄酒。

3. 红柳烤肉的餐酒搭配

红柳烤肉（图5-3）起源于新疆，尤其在南疆地区最为流行。其特色在于使用红柳枝作为烤肉的扦子，将精选的羊肉串在红柳枝上进行烤制。红柳，学名柽柳，是新疆沙漠、戈壁、盐碱地等恶劣环境中生长的一种耐盐碱植物，它木质坚韧、耐燃，枝条中富含水分和油脂，烤制过程中会释放出独特的香气，这种香气与羊肉的鲜香相互融合，赋予烤肉独特的风味。

（1）主料及配菜　优质羊后腿肉、羊排肉或羊腰肉、当年新生的红柳枝。

图 5-3　红柳烤肉

（2）**酱汁及调料** 盐、孜然粉、辣椒粉等。洋葱（可选，用于腌渍去膻入味）。

（3）**烹饪方法** 首先将羊肉切成大小均匀的块状，并混合洋葱进行腌渍。然后将羊肉块有间隔地均匀串至红柳枝条上。将红柳烤肉置于炭火上烤制，保持火力适中，反复翻动，烤制过程中适时撒上盐、孜然、辣椒粉。烤至羊肉表面微焦，油脂溢出，肉质收缩，香气四溢，达到外焦里嫩的状态即可。

（4）**口感特征** 红柳烤肉的风味简单而直接，因为并没有复杂的调味和烹饪手法，整体呈现出新鲜羊肉烤制后的外焦里嫩的口感，突出了食材原本的香气以及红柳特有的植物性气味，还有少许孜然和洋葱的香味。

（5）**餐酒搭配** 红柳烤肉在很多时候会与现烤的馕一同食用，肉香混合谷物香气，烘烤气息最为明显。非常适合搭配焉耆盆地产区生产的干爽平衡型干红葡萄酒一同食用，其平衡的酸度能够很好地化解口中饱满感，烤肉的烘烤味和焦煳味又与干红的橡木桶味相呼应，同时又不会掩盖烤肉本身的浓郁香气。

红柳烤肉餐酒搭配推荐酒款

乡都安东尼品丽珠干红葡萄酒、冠颐蛇龙珠干红葡萄酒、中菲酒庄马瑟兰干红葡萄酒。

4．巴州曲曲汤饭的餐酒搭配

新疆巴州的曲曲汤饭（图5-4），又称为曲曲汤，是一道极具巴州本地回族饮食特色的传统餐食。这道美食融合了面食、肉类、蔬菜等多种食材，口感鲜美，营养丰富。

图 5-4 巴州曲曲汤饭

（1）主料及配菜　曲曲皮使用面粉制作，馅料使用羊肉、洋葱等制作，汤底使用羊肉或者牛骨熬制，辅以胡萝卜、香菜、芹菜、洋葱等蔬菜。

（2）酱汁和调料　盐、胡椒粉等。

（3）烹饪方法　首先制作曲曲，将面粉加水揉成面团，醒发片刻后擀成薄片，切成方形小块。取适量肉馅放在面皮中央，对角折起并捏紧边缘，形成三角形或方形的曲曲。

同时炖制汤底，在锅中加入羊肉汤或牛骨汤，放入切好的胡萝卜和洋葱等蔬菜，小火慢炖熬出香味。待汤底煮沸后，将包好的曲曲放入锅中，用勺子轻轻推动以防止粘底。煮至曲曲浮起即表明熟透。

在汤底中盛入煮好的曲曲，加入适量盐、胡椒粉等调味，再撒上切好的香菜增加香气，喜欢酸味的食客还可以加入少许醋。

（4）口感特征　曲曲汤饭可以理解为肉汤搭配羊肉馅饺子，很考验羊肉的品质。其皮相对更厚更有嚼劲，主要突出羊肉鲜美的风味，但又不能有明显的羊肉腥膻味。汤汁浓郁，肉香十足，可以点缀一点醋调味，风味层次更加丰富。

（5）餐酒搭配　曲曲汤饭可以作为主食食用，羊肉量足，肉味浓郁，有汤有水，非常适合搭配焉耆盆地产区生产的酸甜可口味型的白葡萄酒或干爽平衡味型的干红葡萄酒一同享用。前者可以提升肉香，其芬芳的香气又可以增加嗅觉享受，后者较为饱满的口感可以很好地衬托曲曲皮的嚼劲，使羊肉馅更加多汁。

巴州曲曲汤饭餐酒搭配推荐酒款

其叶蓁蓁2022雷司令白葡萄酒、兵二十四雪韵精选干红葡萄酒。

5．新疆罗布烤鱼的餐酒搭配

新疆罗布烤鱼（图5-5）是新疆维吾尔自治区湖泊周边的一种特色烧烤美食，因其独特的烤制方式、丰富的风味和深厚的文化背景，深受食客喜爱。罗布烤鱼最显著的特点是使用胡杨木作为燃料，能赋予烤鱼独特的香气。烤鱼架通常由胡杨木制成，上面有铁丝网或者木棍横梁，便于固定鱼体。

（1）主料及配菜　罗布烤鱼一般采用野生草鱼或塔里木裂腹鱼（五道黑）为原料制作。

（2）酱汁和调料　盐、胡椒粉、孜然粉、辣椒粉、食用油等。

（3）烹饪方法　罗布烤鱼通常使用胡杨木或者木炭作为燃料。胡杨木燃烧持久，火焰适中，烟熏味淡，具有独特的香气。

将新鲜鱼清洗干净，去除内脏，保留鱼鳞。根据口味，鱼体内外可涂抹盐、胡椒

图 5-5　新疆罗布烤鱼

粉、孜然粉、辣椒粉等调料进行腌制，使鱼肉充分入味。将腌制好的鱼用红柳枝或木棍穿过鱼鳃和鱼尾，将其固定在烤鱼架上。点燃胡杨木，待火焰稳定后，将鱼架置于火上，保持中火慢烤。烤制过程中需适时翻面，确保两面均匀受热，同时可根据需要刷上调料和油，增加风味同时防止鱼肉干燥。烤至鱼皮焦黄、鱼肉熟透、表面油脂渗出、香气四溢时，即可视为烤制完成。

（4）**口感特征**　无污染野生鱼大多生长较为缓慢，肉质相对紧实。经过烤制后，外皮酥脆，肉质紧实且入味，鲜美可口，再加上辣椒粉和孜然的风味，使口感和香气复杂多变，满口留香。

（5）**餐酒搭配**　罗布烤鱼不仅有着河鲜的鲜味，而且香料的添加和烘烤技法使其爽脆感更加突出。如果想增加清爽感并突出纯净鲜味，可以采用高酸清爽型干白葡萄酒搭配。如果想让鲜味提升至更高层次，并且喝的更过瘾，可以采用成熟甜香型干红葡萄酒与之搭配。

新疆罗布烤鱼餐酒搭配推荐酒款

芳香庄园尕亚雷司令干白葡萄酒、中菲尽欢西拉干红葡萄酒、乡都金贝纳系列干红葡萄酒、天塞精选西拉干红葡萄酒。

6. 博斯腾湖全鱼宴的餐酒搭配

博斯腾湖是中国最大的淡水吞吐湖，水域面积广阔，而且周边没有任何化工污染源，水质优秀，风光宜人。这里有飞舞的天鹅、灵动的水鸟、大片的野生莲花以及一望无际的芦苇丛林。博斯腾湖每年休渔期长达一百余天，湖中的河鲜得以充分生长发育、繁衍生息。这里虽没有杭州西湖那么出名，但有着极为丰富的渔业资源。因为水质洁净，这里生长的鱼几乎没有淡水鱼常见的土腥味，而且渔获种类繁多。巴州人也将来自大湖的鲜美表现得淋漓尽致，开发了极为丰富的鱼鲜美食，让巴州餐饮在新疆腹地的一片戈壁中显得尤为特殊。

最为极致的巴州鱼鲜食物，一定就属博斯腾湖全鱼宴（图5-6）。鲜鲫鱼汤、红烧草鱼、锅贴鱼、烤三道黑鱼、干炸池沼公鱼、缸子鱼、清炖鱼丸、鱼片酸菜锅等千变万化的鱼鲜在口中迸发，一口一个菜，有的微甜、有的咸香、有的浓郁、有的麻辣、有的极尽鲜美，不同风味但都带着不同风格的鲜。

图5-6　博斯腾湖全鱼宴

餐酒搭配　博斯腾湖全鱼宴虽然菜品有着不同口味的呈现，但最核心就是突出一个"鲜"字。在中餐的餐酒搭配中，全桌围餐式宴席最关键的就是"不出恶味"。对鲜味来说，最为合适的就是酸爽感。因此，焉耆盆地产区生产的高酸清爽型干白葡萄酒或者清爽易饮味型的起泡酒是最好的搭配。清爽的酸度能够将博斯腾湖的鱼之鲜美再提升至更高的境界，而冰镇后畅快的口感既开胃又易饮。一口鱼鲜一口酒，这趟博湖不白走。

博斯腾湖全鱼宴餐酒搭配推荐酒款

芳香庄园尕亚雷司令干白葡萄酒、天塞起泡葡萄酒。

7．巴州香煎小河虾的餐酒搭配

巴州地区由于博斯腾湖及开都河等周边水系的滋养,成为了新疆最喜爱河鲜的地区之一。这里盛产高品质无污染的河虾,虽然个头不大,但是口味鲜甜且营养价值丰富,无疑是高品质家常料理的优质食材。

小河虾清洗干净,控干水分。讲究的人还会修理一下虾头,然后撒少许面粉并加入适量食盐。平底锅烧油,热锅后放入薄薄一层小河虾,不要搅动待充分煎透后,翻面再煎。直到全部河虾都透出金黄的色泽时,用筷子打散并盛出装盘,巴州香煎小河虾这道菜即可上桌(图5-7)。

图 5-7　巴州香煎小河虾

餐酒搭配　这道菜无需过多的调味,虾壳酥脆,虾肉弹牙鲜甜,微微带点咸味的口感,不仅适合搭配葡萄酒,而且是一道极好的下酒菜。我们可以使用焉耆盆地产区的复杂饱满味型的干白葡萄酒进行搭配,虾的脆爽烘托出酒的复杂饱满,咸咸的盐味,让浓郁的果香更悠长。

巴州香煎小河虾餐酒搭配推荐酒款

天塞珍藏霞多丽干白葡萄酒、国菲西拉干白葡萄酒、乡都安东尼品丽珠干红葡萄酒。

8. 和静牦牛肉的餐酒搭配

牦牛是中国西部地区独特的动物,其形态及生活习性均与普通牛有着很大的不同。牦牛肉风味鲜美,富含蛋白质,并且有着极低的脂肪含量,其口感也与常见的黄牛和进口和牛有着很大不同,大多肉味更浓,鲜味更足,且口感更具嚼劲。

和静牦牛肉(图5-8)有其与众不同的烹饪方法,采用优质牦牛肉为原料,尤其是肋排部分为最佳。焯水去沫后重新起锅凉水下锅,并放入生姜、草果、盐等香料炖煮。因为牦牛肉质紧致,需要经过2小时以上的长时间炖煮方能让其软烂,然后加入胡萝卜和被誉为新疆小人参的本地特色植物恰玛古一同炖煮,这不仅增加其风味,还增添独特的香气。

图5-8 和静牦牛肉

餐酒搭配 出锅后的和静牦牛肉香气四溢,肥瘦相间,入口不过分软烂,又充满滋味,大快朵颐的同时可以充分享受焉耆盆地的特色。我们可以用焉耆盆地产区的成熟甜香味型的葡萄酒与之搭配,香味互相映衬,饱满口感与肉香在口腔中一同炸开,满足感更为升级。

餐酒搭配推荐酒款

乡都金贝纳系列干红葡萄酒、国菲西拉干红葡萄酒、馨玉酒庄橡木桶窖藏葡萄酒。

第三节

祖国其他地区美食与焉耆美酒的搭配

中餐的丰富度可以说是世界上顶级的存在，除了极具民族特色的新疆美食，放眼全国更是眼花缭乱。不过提起中餐的分类和口味，几乎所有人首先想到的应该都是"八大菜系"。很多人会以为这些菜系分类自古有之，并且有清晰的分类边界。实际上，中国餐饮文化虽然历史悠久，源远流长，但是如今常说的"八大菜系"是指"川、鲁、粤、苏、闽、浙、湘、徽"，这一正式分类历史相对比较年轻。在商周时期，人们就已经发现不同区域的饮食习惯及烹饪方法有明显区别。到唐宋时期，就已经形成了所谓"南食、北食"的饮食体系，并逐步形成了所谓"南甜北咸"的口味格局。清朝初期，川菜、鲁菜、苏菜和粤菜成为当时最有影响的地方菜，"四大菜系"的名号被系统提出。到了清朝末期，浙菜、闽菜、湘菜、徽菜四大新兴地方菜系形成体系，共同构成汉民族饮食的"八大菜系"的雏形。直到20世纪70年代，我们常说的八大菜系的名称及体系才正式成型。

中餐的"八大菜系"基本都是以沿长江和沿海分布。沿长江由西向东依次分布着"四川川菜、湖南湘菜、安徽徽菜、江苏苏菜"，而沿海岸线从北向南则依次分布着"山东鲁菜、江苏苏菜、浙江浙菜、福建闽菜、广东粤菜"，其中苏菜正好处于两线的交汇处。中国各地都有很好吃的地方特色餐饮，但是这八个地方有山有水、四季分明、物产丰富、经济发达，文化繁盛，才孕育出了完整成体系的菜品。

中国各大菜系的味型不仅继承传统，还不断地创新，呈现出复杂的风味变化。焉耆盆地丰富多彩的葡萄酒，可以让你在吃遍中国的同时，都能有美酒相伴，并且让全国各地的美食都能在新疆美酒的搭配之下，达到口感的平衡与提升。接下来，让我们一起探讨部分菜系的典型菜品与焉耆盆地产区美酒的搭配。

一、鲁菜经典与焉耆盆地产区美酒搭配

鲁菜在其漫长的历史发展中，都是中餐各菜系之首。中国是一个儒家文化延续并且受到其深刻影响的国家。儒家文化讲究饮食，孔子有言"食不厌精，脍不厌细"。儒家文化的核心圣地正是山东，时至今日，许多人仍认为鲁菜就是官府菜。

鲁菜技法繁多，擅长爆炒及精致的刀工技术，很多菜品在锅中停留的时间很可能只

有十几秒钟，这非常考验厨师的技术水平。同时，鲁菜的传统调料种类相对较少，仅以盐、酱油、甜面酱、醋等为主，这也决定了传统鲁菜的典型的咸鲜味型。

1. 鲁菜经典——九转大肠

九转大肠（图5-9）作为鲁菜中的代表菜品，其对火候和调味都非常讲究。其要求大肠外酥里嫩、肥而不腻、五味平衡。九转的精髓在于口感、味道和香气的千变万化。

图 5-9　九转大肠

推荐使用焉耆盆地产区的成熟甜香型葡萄酒与其进行搭配。这一味型的葡萄酒有着柔和的单宁、浓郁的口感以及强烈的香料风味，经过橡木桶的陈酿后，还会带来香草和烟草等复杂的香气。其甜美的果味、浓郁饱满的口感与九转大肠的精妙风味相互融合，让你难以分辨菜香和酒甜的界限。

九转大肠推荐搭配酒款

乡都金贝纳系列干红葡萄酒、大塞精选西拉干红葡萄酒、合硕特弹影副牌干红葡萄酒。

2. 鲁菜经典——葱烧海参

葱烧海参（图5-10）是一道起源于清朝御膳的经典鲁菜，其以经过精细水发的优质干海参为主要食材，并以特色山东大葱为主要配料。完美地融合了海参的滑嫩和葱的甜辣辛香，以海参的清鲜、柔软、香滑，葱段香浓，食后无余汁而闻名于世。

推荐使用焉耆盆地产区生产的成熟芬芳型干白葡萄酒与之搭配，海参的柔香滑嫩很好地与芬芳的果味交相辉映，合适的酸度还能让海参的鲜味提升，而饱满的口感与浓郁的酱汁融合起来也是非常和谐，无论沾满酱汁的咸香还是脆弹无比的口感均可以很好地呈现。

如果你喜欢饮用红葡萄酒，还可以使用焉耆盆地产区生产的干爽平衡型干红葡萄酒与其进行搭配，平衡的口感不会压制海参的鲜甜，微微的单宁还能让肉感更为突出，咸香的风味特征也与酒的味型相匹配，从而可以多喝两杯。

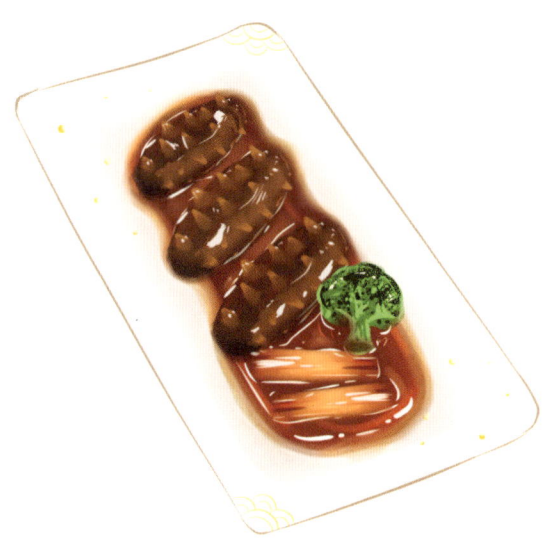

图 5-10 葱烧海参

葱烧海参推荐搭配酒款

中菲酒庄马瑟兰干红葡萄酒、国菲西拉干红葡萄酒、馨玉酒庄橡木桶窖藏葡萄酒。

二、川菜经典与焉耆盆地产区美酒搭配

川菜起源于四川及重庆地区，近几十年发展迅猛，不仅在中国各地广受欢迎，而且在世界许多地方都能见到川菜。其中的典型名菜"麻婆豆腐"甚至已经成为很多外国人心中中餐的代表。川菜现代派风格鲜明，味型多变，适应性强，是民间第一大菜系。其历史非常久远，成体系的记录可以追溯到春秋战国时期，正式成型于汉晋时期。古典川菜虽然也有"辛香""尚味"的特点，但是与现代川菜有很大区别，这里的"辛香"指的是花椒和姜的滋味，而非辣椒，这是因为辣椒并非中国本土作物，花椒是川渝地区常见的调味品。辣椒自明清时期传入中国后，逐步到达川渝地区，由于这里气候潮湿，人们喜食辛香，于是辣椒也快速融入了当地餐饮文化中。

当代川菜有着非常丰富的味型特征，不过其中的麻辣味型最为著名，"麻辣鲜香"这一特征也广泛流传，让很多人误以为川菜只有麻辣风味。实际上，川菜还有如开水白菜、甜烧白、老妈蹄花等不麻不辣的菜品和味型。不过麻辣的川菜流传最广，例如最受欢迎的四川麻辣火锅。

1. 川菜经典——四川麻辣火锅

四川麻辣火锅（图5-11）以其独特的麻、辣、鲜、香风味著称，在全国各地广受欢迎。麻辣火锅风味的核心在于底料，通常包括大量的牛油（或混合植物油）、辣椒、朝天椒、花椒、郫县豆瓣酱和多种香料，最后还要加入让口味升华的香甜油醪糟。四川麻辣火锅吃起来风味层次分明，口感鲜爽过瘾。

图 5-11　四川麻辣火锅

如果你是一个很喜欢吃辣的人，想要追求过瘾的"巴适"劲爽，不希望让辣味受影响，那推荐你使用焉耆盆地产区生产的干爽平衡型红葡萄酒与其进行搭配，如果想要辣的更加过瘾，还可以使用焉耆盆地产区的白兰地与之搭配。

若你觉得吃麻辣火锅的中途想清清口味，缓解一下辣味，可以选择焉耆盆地产区生产的酸甜可口型白葡萄酒与之搭配，并且一定要冰镇后搭配，酒中的芬芳花香和充沛的桃子果味，会让你的口腔立刻舒展，缓解辣意，让下一口吃的更香。

四川麻辣火锅推荐搭配酒款

其叶蓁蓁2022雷司令白葡萄酒、乡都县花干红葡萄酒、乡都安东尼品丽珠干红葡萄酒、贵基天山烈焰葡萄蒸馏酒。

2. 川菜经典——开水白菜

一提起川菜，几乎所有人想到的都是麻辣鲜香和红油的香气，其实川菜中最经典的菜品之一，还有被誉为川菜官府菜绝学的开水白菜（图5-12）。这道菜不仅没有一丝麻辣，清淡如水的汤水中浸泡着几段白菜心，甚至视觉上也会感觉平平无奇且寡淡，但是当你将其放入口中，会发现其中的精妙之处，看似清淡的汁水，实则浓郁芬芳，肉香十足，而软烂的白菜也是吸足了极其复杂的荤鲜之味，朴实无华的外表之下，却是精工细作且尽显上乘的制汤功底。

图 5-12　开水白菜

推荐使用焉耆盆地产区生产的成熟甜香型干红葡萄酒与之搭配，浓郁的肉香汤汁需要同样浓郁的酒水口感方能与之配合，软烂的白菜有着浓郁肉香的同时还透着甜香，与酒中成熟果味中透出的甜香气味融合搭对，丝丝香料气味让肉味更足，回味悠长。

开水白菜推荐搭配酒款

中菲尽欢西拉干红葡萄酒、天塞精选西拉干红葡萄酒、国菲西拉干红葡萄酒。

三、粤菜经典与焉耆盆地产区美酒搭配

粤菜是近些年中餐市场上的明星菜系之一，而且占据了中餐高端餐饮市场很大的份额。粤菜有两个显著的特点，其一是选料丰富且讲究新鲜，广东有着优越的地理环境，加上亚热带的气候，物产富饶，北有野味，南有海鲜，而且蔬菜、作物均极为丰富。其二是注重鲜味，突出嫩滑，善用提升鲜味的烹饪与调味方式，除了鲜味与酱油咸鲜风味较重之外，其他的调味都相对清淡。在处理食材时也会分外注重鲜嫩的口感，这与其他菜系产生很大的区别，特别适合呈现出食材鲜爽嫩滑的特点。这两个特点充分融合后，共同造就了如今粤菜的高速发展和高端化趋势。

粤菜善用各类提鲜的调味料，且善于烹饪野味和动物内脏，盐、酱油（蚝油）系调味品、蒜蓉和白胡椒是最主要的调味方式。粤菜还根据地域及风味分为很多子菜系，其中尤为突出的是广府菜、潮汕菜和客家菜。这里我们就以广东烧腊中最为知名的广式烧鹅和潮汕牛肉火锅为例，与焉耆盆地产区葡萄酒进行搭配。

1. 粤菜经典——广式烧鹅

烧腊是聊粤菜不能绕过的美食，烧腊中广式烧鹅（图5-13）一定是菜单中篇幅最大、价格最贵的。优质的广式烧鹅通常选用本地的鹅种，如乌鬃鹅或清远黑棕鹅，这类鹅体型适中、肉质鲜美、肥瘦相宜、骨头较小。鹅经过多种香料腌渍后烤熟，使鹅皮变得非常脆，而肉质保持嫩滑，皮肉之间有一层薄薄的脂肪，增加了风味但不腻口。烤鹅色泽金红，皮脆肉嫩，味香可口。切块后蘸取少量酸梅酱，回味无穷。

图5-13　广式烧鹅

推荐使用焉耆盆地产区生产的清新果味型干红葡萄酒进行搭配，多汁的果味搭配多汁的鹅肉，细腻的质地呼应鲜嫩肉质，清爽的酸度去腥解腻，轻微冰镇，口感更加。

广式烧鹅推荐搭配酒款

佰年庄黑比诺有机干红葡萄酒、天塞生肖红葡萄酒、乡都崑花干红葡萄酒。

2. 粤菜经典——潮汕牛肉火锅

如果说起近些年来火遍全中国的粤菜品类，潮汕牛肉火锅（图5-14）绝对属于其中的爆款。清澈的矿泉水汤底无需调味，鲜切的黄牛肉甚至还在跳动，汤中快速焯烫数秒即刻捞出，裹着浓郁咸香还透着鲜味和甜味的潮汕沙茶酱，带着热气放入口中的满足，为肉食爱好者带来无与伦比的享受。三五盘鲜肉下肚后，锅中的生牛筋丸也已经熟透，直接入

图 5-14　潮汕牛肉火锅

口脆弹爆汁，并伴随单纯的鲜香和强劲的满足感。最后以青菜和粿条打底，即便是半夜刷剧的你也不会感到饥饿。

潮汕牛肉火锅的本土经典搭配是经过长时间桶陈的白兰地，强劲的口感可以缓解快速吃肉的饱腹感，让你还能多吃两盘，长时间橡木桶陈年带来的陈年甜香味，与沙茶酱中的发酵甜香相互呼应，相当融合。如果你更喜欢喝普通葡萄酒，推荐使用焉耆盆地产区生产的成熟甜香型干红葡萄酒与之搭配，热气腾腾之间，端着一杯浓郁芬芳香气甜美的干红葡萄酒，无论酒力如何，此时的你都会忍不住多喝两口。

潮汕牛肉火锅推荐搭配酒款

中菲尽欢西拉干红葡萄酒、国菲西拉干红葡萄酒、贵基天山烈焰葡萄蒸馏酒。

四、湘菜经典与焉耆盆地产区美酒搭配

湘菜也是中国历史悠久的菜系之一，早在汉朝就已经形成较完整体系。湘菜重视原料搭配，非常重视不同食材原料滋味的互相渗透，对腊味食品的烹饪方法丰富多样。同时大火爆炒也是其非常典型的特征，由于当地气候潮湿，对香辣味型的呈现非常突出，整体上呈现出爽辣浓香的特点。

湘菜不仅味型多变,而且仅仅对辣的呈现就有不同维度,鲜辣味型、酸辣味型、香辣味型、麻辣味型、煳辣味型都是常见的辣味的味型特征。湘菜名菜制作精细,用料广泛,口味多变,品种繁多。其特点是油重色浓,讲求实惠,在品味上注重酸辣、香鲜、软嫩。在制法上以煨、炖、腊、蒸、炒等方法见称。代表菜有"腊味合蒸""麻辣仔鸡"等。湘菜还会使用炖、烧、蒸、腊的制法烹制河鲜、家禽等,大多咸辣香软。很多菜品常用火锅形式上桌,边炖边吃,剁椒鱼头就是其典型菜品。

1. 湘菜经典——剁椒鱼头

剁椒鱼头(图5-15)可以说是火爆全国的经典湘菜之一,其起源于清朝雍正年间,因食材易得、味道鲜美,逐渐成为了湘菜的代表作品。其选用新鲜胖头鱼(鳙鱼)或草鱼头,一般重量在1千克左右为宜,简单腌渍后,以姜片紫苏打底,放入蒸锅,并铺满由剁椒、蒜末、姜末等混合制作的酱料,蒸熟后淋上热油出锅。其口味鲜辣适口、辣而不燥,鱼头肉质细嫩,成菜色泽鲜艳,一眼望去便食欲大开。

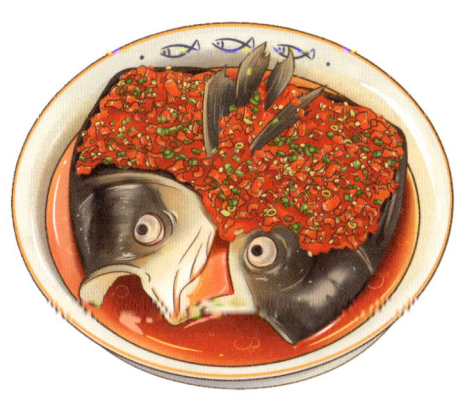

图 5-15　剁椒鱼头

推荐使用焉耆盆地产区生产的成熟芬芳型干白葡萄酒与之搭配,两者重量相当,虽然葡萄酒充满桃子和菠萝香气,但口感仍然清爽有加,与鲜嫩且鲜辣的鱼肉非常搭配,增强鱼肉鲜嫩感,辣味的回味中略带成熟微甜感,冰镇后的清爽感还能提升鱼鲜的综合质感。

剁椒鱼头推荐搭配酒款

天塞精选霞多丽干白葡萄酒、中菲干杯干白葡萄酒、合硕特禅影霞多丽干白葡萄酒。

2. 湘菜经典——麻辣小龙虾

近年来火遍大江南北的宵夜明星美食中,麻辣小龙虾(图5-16)是当之无愧的湖南

图 5-16 麻辣小龙虾

风味中的口味菜代表,又被称为长沙口味虾。其以小龙虾为主材,配以辣椒、花椒和其他香辛料制成。口味麻辣鲜香,色泽红亮,质地滑嫩,滋味香辣。风味十足又不易饱腹,是当之无愧的宵夜喝酒谈天的绝佳美食。

吃麻辣小龙虾时想喝点酒,可以有很多选择,首推使用焉耆盆地产区生产的酸甜可口型白葡萄酒进行搭配,而且一定要经过充分冰镇后搭配食用。鲜辣的口感对碰芬芳的果香,蘸汤入味的虾肉混合香甜浓郁的酒液,火爆的情绪配上冰爽的口感,倒入杯中插入吸管饮用,鲜甜劲爽不沾手,宵夜档的无敌存在。

麻辣小龙虾推荐搭配酒款

国菲酒庄雷司令白葡萄酒、其叶蓁蓁2022雷司令白葡萄酒。

五、潮流小吃与焉耆盆地产区美酒搭配

近年来随着交通和物流的发展,带动了餐饮大交流,让很多原本仅在当地出名的特色小吃疯狂出圈,火爆全国。这些美食同样可以找到相应味型的焉耆盆地美酒与之搭配,让人们吃得开心同时也能喝得尽兴。

1. 柳州螺蛳粉与焉耆盆地美酒

螺蛳粉(图5-17)是源自中国广西壮族自治区柳州市的一种特色小吃,其风味厚重浓烈,独特的风味灵魂在于汤底和酸笋。其汤底中主料是螺蛳和辣椒、桂皮、八角、香叶、甘草、花椒、草果等多种香料,经大火煮沸后转小火慢炖1小时以上,以充分释放螺蛳和香料的风味。而酸笋是经过发酵后的竹笋,其独特的酸味和高辨识度的发酵气味为整

图 5-17　螺蛳粉

碗粉带来了极为特殊的风味特征。这种食物有人极为喜爱，有人避之不及，但广受大部分年轻人的喜爱。

我们可以用焉耆盆地产区生产的成熟甜香型干红葡萄酒与之搭配。同样浓烈的香料特征，同样饱满浓郁的风味物质在口腔中交融，无论是一口吸饱汤汁的炸蛋，还是一口顺滑的米粉，都能让口腔充分满足，回味悠长。

2. 麻辣烫与焉耆盆地美酒

麻辣烫（图5-18）是近些年火遍全国的小吃，虽然起源于四川，但是在全国不同的地区展现出了不同的风味特征。无论是四川冒菜的鲜辣高麻、东北麻辣烫的浓郁芝麻酱香味，还是天水麻辣烫的鲜亮高香微辣的红油特征，都深受不同消费群体的喜爱。麻辣烫以菜为主，营养均衡，同时仅仅经过简单烫熟且不过分烹饪，基本不存在预制菜，非常符合现代健康饮食观念。

图 5-18　麻辣烫

麻辣烫的特点就是菜式种类丰富，无论哪种风格都或多或少有着香辣的口感，还大多会带一些花椒的麻鲜。我们可以使用焉耆盆地产区生产的酸甜可口型白葡萄酒与之搭配，冰镇之后犹如饮料般芬芳甜美，而且不过分甜腻。两三人一盆营养均衡的各类菜品，一瓶冰镇透凉、酸甜可口的白葡萄酒，尽兴又爽口，而且价格大多平易近人。

第四节
世界美食与焉耆美酒的搭配

世界那么大，我们一起去走走，看看万千变化的自然风光，游览震撼人心的人文景观，去品尝五光十色的各国美食，同时，别忘了搭配上焉耆盆地产区的葡萄美酒，因为丰富多彩的焉耆盆地美酒，可以让你在世界各国美食餐桌前，感受那份来自中国大西北的故乡感，还能感受到中西文化的完美交融。

我们在这里将用几道非常有特色的各国美食一同感受焉耆盆地美酒与世界美食的和谐交融。

一、法餐经典与焉耆盆地产区美酒搭配

法餐是世界公认的美食，以丰富的食材、强烈的仪式感和精细多变的酱汁调味稳居西方餐饮之首。

1. 法餐经典——焗勃艮第蜗牛

焗勃艮第蜗牛（图5-19）是法餐中相当有特色的菜品之一，其在法国甚至有专用的一套工具，包括蜗牛盘、蜗牛夹和蜗牛义，体现了法国人对蜗牛的钟爱和仪式感的重视。蜗牛肉挖出处理后，配上大蒜、小洋葱、欧芹和黄油为主的香料黄油，再用烤箱焗熟即可。其口感不同于海螺，脆嫩中带着独特的柔滑感，颇具特色。

我们推荐焉耆盆地产区生产的清新果味型干红葡萄酒或者干爽平衡型干红葡萄酒与

图 5-19 焗勃艮第蜗牛

之搭配。咸鲜油润的酒体搭配蒜香黄油的酱汁，鲜明爽脆的果味能提升酱汁的复杂度，而活跃的酸度让口感变得更加清新，更加突出蜗牛肉带来的滑嫩和脆爽。

焗勃艮第蜗牛推荐搭配酒款

中菲干杯干红葡萄酒、乡都安东尼品丽珠干红葡萄酒。

2. 法餐经典——法式油封鸭腿

法式油封鸭腿（图5-20）则是另一道以做工复杂、口味独特而著称的经典法餐。其采用鸭腿作为主料，辅以黑胡椒、香叶、大蒜和盐等进行腌渍，随后，使用鸭油浸没鸭腿，并控制在小火且不沸腾的状态下进行长时间中温慢炖，待鸭肉完全酥烂入味后再进行冷藏

图 5-20 法式油封鸭腿

143

封存。上桌前取出鸭油封存的鸭腿，两面煎制即可上桌。这道菜充分体现出传统法餐的特色，不仅用料考究，工艺复杂，而且要经过长时间的准备和等待才能享用，绝对值得一试。

我们同样推荐焉耆盆地产区生产的干爽平衡型干红葡萄酒与之搭配。油浸慢炖后的鸭腿软嫩且油润，两面煎制的表皮焦香四溢。干爽平衡型干红葡萄酒的酸度能够立刻让口腔重新回到清爽的味觉敏感状态，即使连续食用鸭腿，也绝不感到腻口。淡淡的烟熏烘烤味与外皮的焦香相呼应，适中的酒精度和平衡的口感让晚宴可以一直延续。

法式油封鸭腿推荐搭配酒款

中菲酒庄马瑟兰干红葡萄酒、兵二十四雪韵精选干红葡萄酒。

二、意大利餐经典与焉耆盆地产区美酒搭配

意大利餐广受世界人民欢迎，也是大部分中国人接触最早的非快餐类西餐。无论是多变的比萨饼还是浓郁调味的意面，都广受中国人的喜爱。很多人就是通过意大利餐领略了芝士的美味，而意大利餐中常见的番茄味调味也与中餐有很多相似之处。提拉米苏的甜美和意式浓缩咖啡的强劲也让很多人念念不忘。近年来在中国流行的所谓地中海料理中，很多都以意大利餐的元素为主。

1. 意大利餐经典——千层面

意大利有一种名为千层面（图5-21）的特色美食，一层白酱、一层番茄肉酱、一层

图5-21　千层面

芝士和一层面皮层层叠加，烤制成熟后，既有白酱的浓香，又有红酱的酸爽，酸甜咸鲜，滋味浓郁，营养丰富，非常适合大部分中国人的口味，绝对值得一试。

我们推荐使用焉耆盆地产区生产的成熟甜香型干红葡萄酒与之搭配。面的口感丰富饱满，与酒的口感浓郁香甜相互支撑。番茄酱的微酸与酒中的果酸很好地融合，香料质感又很好地配合面皮的质感与酱料中罗勒的香气，两者相得益彰。

千层面推荐搭配酒款

国菲西拉干红葡萄酒、馨玉酒庄橡木桶窖藏葡萄酒、乡都金贝纳干红葡萄酒。

2. 意大利餐经典——佛罗伦萨牛排

当你来到意大利中部著名艺术之都佛罗伦萨，这里不仅有着扑面而来的艺术气息，更有着多样的美食。其中一定不能错过的就是佛罗伦萨牛排（图5-22）。这里温和的气候孕育了优质的牛肉，每一片牛排都有3厘米以上的厚度，每份两斤左右的分量可以充分满足一个成年人的肉瘾，牛排经过百里香和盐等腌渍后，烤制三成熟，内里汁水丰富，外皮焦香四溢，肌红蛋白所展现出的鲜嫩粉红色无比诱人。如果你点的还是一份经典的T骨牛排，还可以同时享受厚重的肉香和鲜嫩的肉质，绝对值得一试。

图 5-22 佛罗伦萨牛排

我们可以使用焉耆盆地产区生产的干爽平衡型干红葡萄酒或者经过醒酒的强硬有力型干红葡萄酒与之搭配。红酒配红肉的原则在西餐餐酒搭配中非常实用。细腻的单宁让牛肉更鲜嫩，妖娆的宝石红色与粉红的牛肉交相辉映，平衡的酸度还能解腻开胃，必能让你大快朵颐。

佛罗伦萨牛排推荐搭配酒款

天塞精选赤霞珠干红葡萄酒、中菲尊享赤霞珠干红葡萄酒、冠颐橡木桶蛇龙珠干红葡萄酒。

三、日料经典与焉耆盆地产区美酒搭配

日本料理虽然很大程度上受到中国饮食文化的影响,但它还是展现出了非常独特的风格特征。无论是平价的回转寿司、日式拉面,还是价位稍高的日式烧肉与烧鸟,抑或是代表很多地区餐饮客单价天花板的刺身和怀石料理,其生食海鲜的风俗、精细分割的肉类、浓郁重口的酱汁都极具特色。

日料经典——天妇罗

天妇罗(图5-23)是日料中的代表之一,这种用面糊包裹食材后炸制食物的传统虽然在中国也广泛存在,但如日本那样精细制作的甚是少见。天妇罗炸虾是其中的代表,昆布(海带)、木鱼花(干制鲣鱼刨片)和味淋制作而成的酱汁是最经典的天妇罗蘸料。面糊的调制和炸制火候的掌握是这道菜的关键。口感外酥里嫩,鲜味浓厚,淡淡酱香,更突出虾的鲜甜。

图 5-23 天妇罗

建议使用焉耆盆地产区生产的高酸清爽型干白葡萄酒与之搭配。干净透彻的酒体带着明亮的酸度,最能突出虾的鲜甜。轻盈干爽的矿物质感跟酥脆的外壳搭配得当,鲜味冲天,既酥脆又清爽。

天妇罗推荐搭配酒款

芳香庄园尕亚雷司令干白葡萄酒。

四、泰餐经典与焉耆盆地产区美酒搭配

泰餐是非常典型的东南亚料理，调味浓郁强劲。无论是咖喱带来的浓郁辛香，还是柠檬草带来的独特清爽，都让泰餐有着强劲的味觉攻击力。从最早在广东地区流行到如今全国流行，其充分满足了大家对强烈香料气味包裹的海鲜类美食的所有想象。

冬阴功汤（图5-24）是泰餐中极为常见也极具特色的美食。在泰语"冬阴"是酸辣的意思，"功"是虾的意思，顾名思义就是酸辣虾汤。主料有虾、蛤蜊、番茄和口蘑，香料主要是香茅、柠檬草、九层塔、薄荷叶等。香气中柠檬草的气味充满攻击力，闻之就觉得开胃。口感中柠檬带来的酸爽极为开胃，一开动就想多吃两口。而其他香料又带来了复杂浓郁的香气特征，反而海鲜的鲜味成为了这种复杂又强烈香气的陪衬。

图 5-24 冬阴功汤

推荐使用焉耆盆地产区生产的酸甜可口型白葡萄酒与之搭配。葡萄酒中的酸度能激发出冬阴功中海鲜的鲜美，同时香甜的口感又能与汤中强烈的各类香料口味相融合。酸甜的口感平衡酸辣的汤汁，矿物质的咸鲜收尾，享用平价料理的同时感受到高级感。

冬阴功汤推荐搭配酒款

国菲酒庄雷司令白葡萄酒。

李军 摄

附录

附录1　焉耆盆地产区更多酒庄介绍

自1998年乡都酒庄率先在焉耆盆地的千年戈壁上拓荒规模化种植酿酒葡萄以来，焉耆盆地产区葡萄酒产业走上了快速发展的道路。尤其近年来在自治区、州、县各级政府的产业政策高位推动下，巴州葡萄酒产业进入了高质量发展的新时代。

截至目前，产区内共有葡萄酒生产企业40家。除在小产区内容章节中介绍的酒庄外，尚有众多的特色小酒庄活跃在产业中，为焉耆盆地的葡萄酒产业增添了无尽的活力与风采，也为消费者享用更多不同风格和质量的葡萄酒提供了更多选择。以下为产区部分颇具实力的酒庄详细介绍。

1. 盆地外的特色文旅葡园——罗菲特酒庄

罗菲特酒庄见附图1-1。

附图1-1　罗菲特酒庄

企业名称：新疆罗菲特果业科技有限公司

所属小产区：库尔勒小产区

公司简介：

罗菲特酒庄全称为新疆罗菲特果业科技有限公司，这是巴州位于焉耆盆地之外的一家特色酒庄，隶属于康达集团。该酒庄成立于2016年9月，位于库尔勒西郊30千米处的康庄生态园AAA级景区内。酒庄北邻库西综合产业园，南靠南疆铁路，西依铁门关市经济开发区，东壤哈拉苏国家农作物原种场。周边数万亩红枣、葡萄、香梨园林交汇接壤，环境优美，乡村园林气息浓郁，毗邻G3012高速公路、G314国道、S323省道，交通区位便利优越。

欧式风格的罗菲特酒堡六层总建筑面积为10789平方米，布局包含工业展示区、酿酒体验馆、酒文化博物馆以及餐饮酒吧和商务会所等综合业态。

目前，在康庄农场3800亩园林中选用1200亩优质园林，引进栽种了10余个品种的酿酒葡萄。其中，红色品种七个（赤霞珠、马瑟兰、西拉、美乐、品丽珠、玫瑰香、北冰红），白色品种三个（霞多丽、长相思、威代尔），设计产能为年产优质果酒500吨，主要产品有罗菲纳葡萄酒、香梨酒和蒸馏酒三大系列。

依托康庄生态园景区的资源，在这里您既能感受乡野农趣，也能体验工业文明，配套南疆最大的拓展训练基地、水上冲关和五星级孔雀翎房车营地等设施，流连于三星级小球与射箭训练场，漫步葡萄长廊，入住生态木屋，看小动物，玩儿童乐园，还有室内国标游泳馆、篮球馆、乒乓球馆等综合训练场地，具备600人接待能力的商演游客中心，将为您提供全面舒适的休闲文娱和研学团建服务。

未来五年，罗菲特酒庄将积极响应自治区及巴州的葡萄酒产业发展规划，依托焉耆盆地葡萄产区及库尔勒近郊优势，集中研发葡萄酒和香梨酒等果酒的新工艺、新品种，全力将罗菲特酒庄打造成库尔勒市首家三产融合和集文旅康养、研学拓展于一体的知名葡萄酒庄园。

团队主要人员介绍：

罗菲特酒庄庄主：罗万康

康达集团董事长，巴州工商联副主席。自2002年开创康达房产以来，已发展成为拥有康城建国五星级酒店、康达物业、红黄蓝幼儿园和AAA级康庄生态园等综合业态的集团公司。2016年筹建罗菲特酒庄，开创库尔勒市郊首家综合性葡萄酒文旅项目。

罗菲特酒庄酿酒师兼总工程师：赵进

毕业于西北农林科技大学葡萄酒学院发酵工程专业。25年酿酒工作经验，中国酒业协会国家级葡萄酒评委、国家一级品酒师和国家一级酿酒师。

主要种植品种：

赤霞珠、美乐、马瑟兰、蛇龙珠、西拉、北冰红、霞多丽、长相思、火焰无核等葡萄品种，另种植有香梨、桃李和红枣等水果。

地址及联系方式：

新疆巴州库尔勒市康庄生态园景区

4008-112228

游客接待能力：

国家AAA级旅游景区（最新通过AAAA升级评定），除了具备葡萄酒参观研学接待能力外，园区还拥有南疆最大的拓展训练营、五星房车营地、室内游泳馆、动物园、信鸽基地、水上冲关、射箭小球训练场和儿童乐园等配套设施。

主要产品：

罗菲纳（菲跃）干红葡萄酒

葡萄品种：西拉、赤霞珠
产品风格：此款酒精选新疆巴州产区充分成熟的西拉与赤霞珠葡萄，按法国传统工艺精心混合酿造，经橡木桶陈酿而成。酒体呈靓丽的深宝石红色，散发着浓郁的紫罗兰、黑醋栗和巴旦木的香气，入口酒体甜美、细腻，顺滑饱满，留香持久。

罗菲纳（菲尝）半甜白香梨酒

产品风格：此款酒优选库尔勒香梨低温保糖发酵而成，酒体微黄带绿，散发着香梨、玫瑰花瓣的香气，酒香淡雅，酒体平衡，甘美易饮。

2. 二十年有机生产的坚持——冠龙酒庄

冠龙酒庄见附图1-2。

附图1-2　冠龙酒庄

企业名称：和硕冠龙葡萄酒酿造有限公司

所属小产区：和硕小产区

公司简介：

公司正式成立2005年3月，注册资金为2731万元，总资产9890万元。公司现有员工15人（正式员工15人，临时工2人）。公司主要生产葡萄原酒及中档、高档葡萄酒，是一家集优质酿酒葡萄种植及葡萄酒加工为一体的综合性企业。

公司占地面积为300亩，厂区建筑面积约8000平方米，公司现拥有50吨储酒罐61个、60吨的储酒罐53个、220吨的储酒罐5个、20吨的储酒罐4个、10吨的储酒罐10个以及5吨的储酒罐20个，还有3台除梗破碎机、30余台酒泵、2套蒸馏设备和1台酒泥过滤机。经过近20年的发展，公司在和硕县塔哈其乡314国道旁的戈壁滩上建成了年生产能力达1万吨的葡萄原酒加工厂。

公司种植的酿酒葡萄和酿造的葡萄酒已通过南京国环有机认证中心的有机产品认证，冠龙有机葡萄酒的生产完全遵循有机的原则，葡萄酒酿制过程中完全采用有机方式。在崇尚自然和健康的今天，有机葡萄酒受到葡萄酒爱好者的青睐，具有良好的市场前景，发展潜力巨大。

认证情况：

自治区农业产业化重点龙头企业；

中国酒业协会"中国酒庄酒"认证；

中国有机产品认证；

首批"和硕葡萄酒"国家地理标志保护产品。

团队主要人员介绍：

冠龙酒庄总经理：谢付珍

国家二级酿酒师，从事企业管理行业20余年，主要负责酒庄全面运营管理工作，包括种植、生产加工、销售、对外宣传等各个环节的运营管理。

冠龙酒庄酿酒师：王文忠

拥有葡萄酒行业30余年从业经验，国家一级酿酒师。

主要种植品种：

赤霞珠、美乐、玫瑰香、马瑟兰、西拉。

地址及联系方式：

新疆巴州和硕县塔哈其镇314国道东3千米处

0996-5958123，19190808090

主要产品：

冠龙珍藏版有机干红葡萄酒

葡萄品种：赤霞珠
产品风格：此酒经橡木桶陈酿，外观呈深宝石红色，澄清、透亮。成熟的黑李子、黑莓等水果香气与巧克力、香草、咖啡等陈酿香气融为一体。口感饱满圆润，活泼平衡，单宁细腻紧致，酒体厚重，余味悠长。

冠龙手选级有机干红葡萄酒

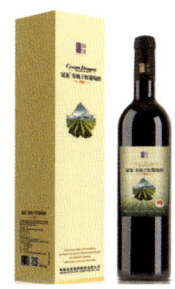

葡萄品种：赤霞珠
产品风格：此款酒采用手工精选的葡萄，经过低温浸渍工艺，在50%法国橡木桶和50%美国橡木桶中陈酿18个月而成。它的外观呈宝石红色；闻香中成熟的李子、黑莓等黑色水果香气与橡木桶陈酿赋予的香兰素、黑巧克力、咖啡等香气融为一体；口感饱满，均衡圆润，酸度活泼，单宁紧致，酒体醇厚，余味悠长。

冠龙有机干红葡萄酒·尼爵

葡萄品种：赤霞珠
产品风格：此款葡萄酒外观呈宝石红色，酒体清亮；闻香中充满李子、黑莓、巧克力、咖啡等香味；口感醇厚，结构均衡，余味悠长。

产品主要获奖清单：

珍藏有机干红葡萄酒，荣获第十八届中国国际酒业博览会"青酌奖"；
有机干红葡萄酒·尼爵、珍藏有机干红葡萄酒，荣获2023年中国国际葡萄酒大赛银奖；
珍藏有机干红葡萄酒，荣获2023新疆丝绸之路葡萄酒大赛；
有机干红葡萄酒手选级，荣获2023年中国优质葡萄酒挑战赛质量金奖；
有机干红葡萄酒窖藏级，荣获2023年中国优质葡萄酒挑战赛质量银奖；
有机干红葡萄酒窖藏级，荣获中国第十九届中国国际酒业博览会"青酌奖"；
珍藏有机干红葡萄酒，荣获2024年澳门永利时臻典葡萄酒大赛铜奖。

3. 名记情怀的葡园寄托——新北道酒庄

新北道酒庄见附图1-3。

附图 1-3　新北道酒庄

企业名称：新疆新北道葡萄酒有限公司

所属小产区：和硕小产区

公司简介：

新北道酒庄坐落在中国新疆天山山脉南麓的和硕县塔哈其镇葡萄基地，距中国最大的内陆淡水湖——博斯腾湖直线距离仅10千米。这里有着生产高品质葡萄酒最基本的自然条件，有理想中葡萄酒所需要的最为独特的风土。

新北道酒庄占地2万平方米，自有360亩葡萄园，是一家集葡萄种植、酿造、科研于一体的"小而精、小而美"的葡萄酒庄。

酒庄的庄主是非常尊重自然、敬重生命的人。他不断理解自然、生命、规律，只为酿造出安全、自然、健康的葡萄酒。他坚信"好葡萄酒是种出来的"。

认证情况：

新疆地理保护标志；
ISO9000质量体系认证。

团队主要人员介绍：

酒庄董事长、创始人：王中华

投身葡萄酒产业从事酿酒葡萄种植、酿造十余年，自治区"天山英才"优秀工程师，国家二级酿酒师及品酒师。

酿酒师：王睿思

获得新西兰林肯大学葡萄酒栽培与酿造学硕士学位，新北道少庄主，国家二级酿酒师，WSET三级品酒师。

主要种植品种：

赤霞珠、霞多丽、贵人香。

地址及联系方式：

新疆和硕县塔哈其镇葡萄基地
0996-8751875

主要产品：

新北道酒庄赤霞珠干红橙葡萄酒特别版

葡萄品种：赤霞珠
产品风格：本产品以其浓郁的黑加仑、黑莓和黑樱桃等深色水果香气以及雪松、烟草和黑巧克力等复杂层次香气而著称。其丰富的单宁和饱满的酒体带来丰富的口感和卓越的陈年潜力。深红色或深紫色的色泽外观随着时间会变为砖红色，非常适合搭配红肉、烧烤和硬质奶酪等美食。

和谷高地干红葡萄酒

葡萄品种：赤霞珠
产品风格：该酒黑色浆果的甜香和酒香馥郁怡人。单宁细腻，口感醇和，回味悠长，是新北道的经典入门级干红葡萄酒。

和谷高地霞多丽干白葡萄酒

葡萄品种：霞多丽
产品风格：该款酒风味可以从清新的柠檬、苹果到浓郁的黄油、香草和坚果，酸度适中且口感丰富。它适合搭配各种食物，包括海鲜、鸡肉和奶酪等美食。

产品主要获奖清单（附图1-4）：

附图1-4　部分获奖证书

4. 为爱而酿的经典——米兰天使酒庄

米兰大使酒庄见附图1-5。

附图1-5　米兰天使酒庄

企业名称：新疆米兰天使酒庄有限公司

所属小产区：和硕小产区

公司简介：

新疆米兰天使酒庄成立于2013年12月10日，法定代表人是迟清彬，注册资本2000万元。主要经营葡萄种植与销售以及葡萄酒、果酒和其他酒（如葡萄蒸馏酒、白兰地）制造，是一家以生产精品葡萄酒为主的专业酒庄，酒庄拥有土地近千亩，其中包括葡萄园760亩和生产办公及附属配套设施40亩，建筑面积为3600平方米，总投资3800万元。酒庄的主要加工设备全部从意大利进口，技术工艺紧跟当今世界名庄葡萄酒前沿酿造生产技术，年生产能力达15万瓶。

"米兰天使"建庄之初，就把"大自然是最好的酿酒师"之理念作为酿酒哲学，遵循自然法则，因地制宜地选择了"葡萄→葡萄酒→葡萄羊"这条有机生态链，严格按照有机栽培模式管理，确保了葡萄园中每块田、每一行、每一株、每一穗乃至每一粒的葡萄的品质均一上乘。酒庄采用传承了上千年的人工覆土埋藤，如照顾婴儿般地细心呵护每一颗葡萄度过严冬，也让葡萄园和葡萄酒增添了几分温情。确保每瓶葡萄酒100%采用自有葡萄园的原料酿造，每一粒葡萄都能成就一瓶纯正、伟大、经典的葡萄酒。

酒庄聘请了具有40年酿酒实践经验的国家级葡萄酒高级酿酒师、一级品酒师、国家级葡萄酒评委贺宽存为首席酿酒师，融合东西方酿造精髓和技艺，倾力精心酿造"米兰天使"系列，匠心呈现每一款产品。

认证情况：

"和硕葡萄酒"国家地理标志产品认证企业；
葡萄与葡萄酒双有机认证企业。

团队主要人员介绍：

酒庄庄主：迟清彬
祖籍山东省烟台蓬莱，土生土长的疆二代，早期在国家银行系统工作，创业后进入石油开发技术服务领域，创立了库尔勒华鹏油田技术服务公司，目前在国内某上市公司担任高管职位。

葡萄酒顾问、首席酿酒师：贺宽存
国内资深酿酒师，曾被授予中国酒业"工匠之星"和中国杰出酿酒师荣誉称号。

主要种植品种：

赤霞珠、西拉、黑比诺。

地址及联系方式：

新疆巴州和硕县塔哈其镇河北新村
15699289181

主要产品：

"米兰天使"珍藏赤霞珠干红葡萄酒

葡萄品种：赤霞珠
产品风格：该酒经低温冷浸和控温发酵，浸皮10天分离入桶，在法式高档橡木桶陈酿12个月（新桶65%）而成。酒体呈深邃的宝石红色；紫罗兰、黑浆果、甜椒、薄荷、烟熏、香草、咖啡、雪松等气息精致优雅；馥郁醇厚，细腻圆润，回味持久。年产量达3万瓶。

米兰天使·黑比诺珍藏干红葡萄酒

葡萄品种：黑比诺
产品风格：该款黑比诺干红葡萄酒呈亮丽的浅宝石红色；有野樱桃、草莓、药草和覆盆子的香气，伴随一抹烟熏和甘草香，陈年后散发黑胡椒、烟草和森林植被的气息；结构均衡而不厚重，口感圆润且如丝般顺滑，果味浓郁，单宁柔顺精致，充满活力，令人回味无穷。

西域兰酌雅葡萄蒸馏酒

产品风格：选用庄园自有成熟新鲜葡萄为原料，经穗选、除梗、压榨、纯汁低温发酵，采用专利设备三步双釜式纯紫铜壶蒸馏，取精存真，百分之百粹取葡萄精华的原液，天然纯净，在发酵、蒸馏和降度过程中，均由国家级酿酒师严格把关。酒体近似无色，晶莹剔透，果香浓郁，回润高雅，品有成熟的水果味和香甜蜜香，口感甘冽，醇厚细柔。

西域兰·醒雅XO葡萄白兰地

产品风格：该款酒使用自有庄园成熟新鲜葡萄原料，经穗选、除梗、压榨、纯果汁低温发酵和三步双釜式纯紫铜壶蒸馏，百分之百萃取葡萄精华的生命之液，由大师匠心勾调，在名贵法式橡木桶中陈酿而成。酒液色泽琥珀金黄，晶亮锐目，具有优雅细致的葡萄果香和浓郁烘烤的陈酿木香，口味甘冽，醇厚绵柔，醇美无瑕，余香萦绕，令人愉悦。

产品主要获奖清单：

2018英国Decanter（品醇客）世界葡萄酒大赛银奖（91分）；

2018FIWA国际葡萄酒大赛银奖（90分）；

2018Interwine葡萄酒与烈酒大赛上，有8位世界葡萄酒大师参与评选，分别获得最具价值五星大奖（96分）和四星大奖（91分）各一枚；

2019IWGC国际葡萄酒（中国）大奖赛金奖（2016赤霞珠珍藏干红葡萄酒）；

2018Interwine葡萄酒与烈酒大赛最具价值五星大奖（2016珍藏赤霞珠干红葡萄酒）；

2018Interwine葡萄酒与烈酒大赛最具价值四星大奖（2017珍藏赤霞珠干红葡萄酒）；

2019Interwine葡萄酒与烈酒大赛银奖（2017珍藏赤霞珠干红葡萄酒）；

2019第十三届G100国际葡萄酒及烈酒评选赛金奖（两枚）（2016珍藏赤霞珠干红葡萄酒、西城兰酌雅葡萄蒸馏酒）；

2019英国Decanter（品醇客）世界葡萄酒大赛铜奖（2017珍藏赤霞珠干红葡萄酒）；

2020第十四届G100国际葡萄酒及烈酒评选赛铜奖（2018珍藏赤霞珠干红葡萄酒）；

2020IWGC第二届国际葡萄酒及烈酒（中国）大奖赛两枚金奖（2017珍藏赤霞珠干红葡萄酒、西城兰酌雅葡萄蒸馏酒）；

2021和硕文化旅游季活动"2017珍藏赤霞珠干红葡萄酒"被评为和硕"十佳酒单"；

2021新疆丝绸之路葡萄酒大奖赛"2018珍藏赤霞珠干红葡萄酒"获得铜奖；

2023年中国国际葡萄酒大奖赛"2020珍藏赤霞珠干红葡萄酒"获得金奖，"2017、2019珍藏赤霞珠干红葡萄酒"获得银奖；

2023年9月中国/中东欧葡萄酒大赛"2020珍藏赤霞珠干红葡萄酒"获得金奖，"2019珍藏黑比诺干红葡萄酒"获得金奖，"2016、2017珍藏赤霞珠干红葡萄酒"获得银奖；

2023IWGC国际葡萄酒及烈酒（中国）大奖赛金奖（"米兰天使"珍藏赤霞珠干红葡萄酒）。

5. 规范前行的探索者——帝奥酒庄

帝奥酒庄见附图1-6。

附图1-6　帝奥酒庄

企业名称： 新疆和硕县帝奥葡萄酒业有限责任公司

所属子产区： 和硕小产区

公司简介：

新疆和硕县帝奥葡萄酒业有限责任公司成立于2013年7月，是一家集葡萄种植、葡萄酒的酿造与灌装、销售以及休闲娱乐等于一体的酒庄型的综合型企业。公司投入4600万元于2014年9月完成酒庄建设和生产，酒庄位于新疆和硕县，是在荒漠戈壁上建立起来的葡萄庄园，帝奥酒庄人员通过10年的努力，用自己勤劳的双手和无私奉献的精神打造了集葡萄种植、酿酒、有机植物种植、旅游及住宿为一体的生态观光园。

认证情况：

葡萄酒和葡萄有机双认证。

团队主要人员介绍：

酒庄酿酒师：刘爱华

三级酿酒师。从事葡萄种植与葡萄酒酿造行业10年，酿酒经验丰富，主持酿造的葡萄酒产品多次获得国内外重要奖项。

主要种植品种：

赤霞珠、美乐。

地址及联系方式：

新疆巴音郭楞蒙古自治州和硕县塔哈其镇葡萄种植基地
18139091084

游客接待能力：

可接待20人左右。

主要产品：

臻藏赤霞珠干红葡萄酒

葡萄品种：赤霞珠
产品风格：该款酒限产限量，粒粒甄选，经橡木桶桶储12个月后进行瓶储。酒体呈深宝石红色，黑色浆果气息浓重，伴有咖啡、香草、橡木的香气，需要二十分钟醒酒时间，单宁结构感强劲，余味悠长。它可搭配纤维丰富的肉类，若搭配相对油腻一点的菜肴，口感上会更加突出果香且多汁，也可解腻，例如香煎牛柳、烤羊肉、烟熏肉类、黑胡椒牛仔骨等。

亮粒选赤霞珠干红葡萄酒

葡萄品种：赤霞珠
产品风格：该款酒限产限量，粒粒甄选。酒体呈深宝石红色且边缘带有悦人的紫色调，香气丰富，酒体醇厚，优雅细腻的橡木香气中带有成熟的树莓、黑加仑等黑色浆果香气，酒体入口圆润饱满，结构感和平衡感极佳，单宁紧实强劲，酒体完整且回味悠长。它可搭配牛羊肉、火腿、鸭、鹅等荤菜，也适合搭配红烧、熏制等味较重的菜肴，最适宜的搭配是肥鹅肝和各种野味。

玫瑰香甜桃红葡萄酒

葡萄品种：玫瑰香
产品风格：本产品精选玫瑰香葡萄经低温发酵而成，酒体呈诱人的粉红色，热带水果气息丰富，甜橘和红果香气融合于玫瑰花的香气之中。入口清新甜蜜，酒体平衡雅致，是一款充满新鲜活力的甜酒。可搭配烤鱼、海鲜、煮或蒸鱼、龙虾、浓味鱼肉汤等食物饮用。

产品主要获奖清单：

中国优质葡萄酒挑战大赛金玫瑰奖；

法国国际葡萄酒大赛银奖；

中国首届国际葡萄酒大赛银奖；

中国首届国际葡萄酒大赛金奖；

布鲁塞尔葡萄酒大赛金奖。

6．厚积薄发的王者——西丹酒庄

西丹酒庄见附图1-7。

附图 1-7　西丹酒庄

企业名称：新疆西丹庄园酒业有限公司

所属子产区：和硕小产区

公司简介：

西丹酒庄成立于2015年，坐落在和硕县风景如画的葡萄种植园区内，北邻天山山脉，南濒博斯腾湖，西望大漠。该酒庄是一座集葡萄种植、葡萄酒酿造、主题旅游观光、葡萄酒文化推广等功能于一体的现代化高端体验式酒庄。酒庄成立以来，已累计投资近1.5亿元，完成了年产1800吨优质葡萄酒酒庄的建设，拥有2000平方米红酒展示厅、品鉴厅、化验室、研发中心、3000平方米发酵车间、2000平方米灌酒车间以及2000平方米地下酒窖，总储藏能力达到2000吨。

认证情况：

葡萄与葡萄酒双有机认证。

团队主要人员介绍：

西丹酒庄庄主：王华年

和硕县知名农民企业家，20世纪90年代初从四川来到美丽的新疆和硕县。从一无所有，努力打拼于2015年创建了新疆西丹庄园酒业有限公司。农民出身的他，一路走来深知农民贫穷之苦。在新疆和硕县打拼创业20余年里，他诚信经营，热心公益，积极参与脱贫帮扶工作。

酿酒师：方金

高级工程师，新疆冰酒先行者，从事葡萄酒酿造33年。

主要种植品种：

赤霞珠、美乐、马瑟兰。

地址及联系方式：

新疆巴州和硕县塔哈其镇葡萄基地

400-188-0996

游客接待能力：

可同时接待50人。

主要产品：

西丹酒庄臻选赤霞珠干红葡萄酒

葡萄品种：赤霞珠
产品风格：酒体呈深宝石红色，具有强劲的结构和浓郁的风味，单宁柔顺，结构紧实，口感平衡愉悦，香气优雅纯正。适合搭配烤肉、烤鸭和烤羊肉等食物饮用。

西丹酒庄慕笙赤霞珠干红葡萄酒

葡萄品种：赤霞珠
产品风格：该款酒深沉的宝石红透着葡萄的润泽与细微的蓝色调，挂杯显著持久，酒香优雅协调，口感醇厚，余味悠长。适宜与烤牛排、红烧肉、浓郁味中西餐等搭配饮用。

西丹酒庄橡木桶窖藏葡萄酒

葡萄品种：85%赤霞珠15%美乐
产品风格：酒体散发黑色水果和香草的气息，结构平衡，果香和橡木味道融合一体，酸度均衡，余味持久。适宜与烤肉、奶酪及牛排类菜肴搭配饮用。

产品主要获奖清单：

2023新疆丝绸之路葡萄酒大赛金奖；
BRWSC2023（新疆·昌吉）"一带一路"国际葡萄酒大赛大金奖；
2023中国国际葡萄酒大赛金奖；

第十三届亚洲葡萄酒质量大赛金奖；
第十四届亚洲葡萄酒质量大赛金奖；
CFWC2023中国优质葡萄酒挑战赛金玫瑰奖；
2024布鲁塞尔葡萄酒大赛金奖。

7．为致敬老爷子而诞生——红庄·艾璐堡酒庄

红庄·艾璐堡酒庄见附图1-8。

附图1-8　红庄·艾璐堡酒庄

企业名称：巴州焉耆红庄葡萄酒有限公司

所属产区：七个星小产区

公司简介：

红庄·艾璐堡酒庄坐落于焉耆产区泰葡庄葡萄基地内，成立于2013年6月，创始人杨兆勤是焉耆县当年为发展酿酒葡萄产业而聘请的第一批酿酒葡萄种植专家。

红庄象征着满园生长出来的红色果实，寓意戈壁变绿洲丰产丰收；艾璐堡的含义是一位老人在茫茫戈壁滩上建立了一座酒堡，璐寓意美玉，更将戈壁比做美玉。此外酒庄部分建筑也使用戈壁作为原料建造。美玉在我国更多地是作为家族代代相传的宝物，因此建立酒庄的初心更是希望其能像美玉一样代代相传。

酒庄于2006年开发种植酿酒葡萄，直至2013年6月酒庄才正式建成，其拥有600亩有机葡萄种植基地，主要种植品种有赤霞珠、梅鹿辄和霞多丽等。酒庄是集酿酒葡萄种植、葡萄酒酿造、葡萄酒销售以及酒庄生态旅游文化为一体的综合性酒庄。酒庄占地面积为14.87亩（9912.9平方米），总投资达1800万元，年加工能力为300吨。其设有发酵车间、储酒车间、灌装车间、地下酒窖、酒文化室和品酒室。

未来，酒庄将致力于打造推广焉耆盆地葡萄酒文化，并致力成为文旅和研学一体化的精品酒庄。

认证情况：

3·15诚信企业；
中国3·15消费者可信赖产品。

团队主要人员介绍

酒庄创始人：杨兆勤

1961年毕业于河北昌黎农业专科学校，1998年参与研究、编写中国干红葡萄城——昌黎"酿酒葡萄标准化生产技术开发与应用"和《酿酒葡萄优质栽培》一书。1999年到新疆焉耆县七个星葡萄产业开发技术中心工作。2006年开垦戈壁荒滩并建立600亩葡萄种植园。

董事长：杨春昌

2006年开垦戈壁荒滩并建立600亩葡萄种植园，随后，于2013年建立酒庄并成立了巴州焉耆红庄葡萄酒有限公司。其自主研发并改造戈壁荒滩开垦设备、葡萄酒酿造设备十余种。

酿酒师：杨璐

2011年毕业于西北农林科技大学葡萄与葡萄酒工程学专业，从事葡萄酒酿造工作12年，研究、酿造8种传统与特色葡萄酒品。

主要种植品种：

赤霞珠、梅鹿辄、西拉、无核白鸡心、新郁、无核紫、克伦生、维多利亚、摩尔多瓦、玫瑰香、甜蜜蓝宝石等葡萄品种。

地址及联系方式：

新疆巴州焉耆县七个星镇东戈壁泰葡庄
13070013701

主要产品：

焉耆红干红葡萄酒

葡萄品种：赤霞珠等
产品风格：该款酒选择优质的有机葡萄赤霞珠等为原料，采用传统与现代相结合的酿造工艺，经严格控温发酵而成。酒体呈宝石红色，入口圆润，口感平衡。

艾璐堡延采吊干干红葡萄酒

葡萄品种：赤霞珠等
产品风格：该款酒选用延迟采摘酿酒葡萄为原料。极为丰富的干浸物质使酒体拥有厚重感，具有典型的焉耆盆地产区葡萄酒风格。采用传统与现代相结合的酿造工艺酿造，酒体呈宝石红色，入口醇香，后味均衡持久。

红庄系列干白葡萄酒

葡萄品种：白玫瑰香
产品风格：该款酒选用优质白玫瑰香葡萄为原料，经严格控制低温发酵而成，该酒香气突出，入口圆润，口感清爽，更适宜搭配海鲜饮用。

产品主要获奖清单：

RVF优秀葡萄酒2015年度最佳性价比奖；

RVF优秀葡萄酒2015年度大奖白葡萄酒系列铜奖；

2015中国优质葡萄酒挑战赛新酒优胜奖。

8．精益酿造的一体化酒庄——元森酒庄

元森酒庄见附图1-9。

附图1-9　元森酒庄

企业名称：巴州元森葡萄酒业有限公司

所属产区：七个星小产区

公司简介：

元森酒庄成立于2011年，旗下拥有新疆元森葡萄酒业有限公司、焉耆元晟生态农业开发有限公司和新疆元森葡萄酒业有限公司销售中心（有限责任公司分公司）。酒庄地址位于巴州焉耆县葡萄产业园区的七个星镇东戈壁葡萄酒基地。

元森酒庄是集葡萄种植、生产、加工、销售、酒庄旅游、储酒服务、葡萄酒培训、有机农牧产品生产加工为一体的精品酒庄,酒庄现自有700亩葡萄种植基地,可控种植基地面积3000余亩。已建集生产、加工、酿造和储酒为一体的1200吨的酒堡一座。

总投入资金6000余万元,占地达2万余平方米。酒庄本着"精益求精"的酿酒理念,采用先进酿造技术,生产出优质原生态的葡萄美酒。其产品不仅在国内、国际各类比赛中斩获金银奖项30多项,而且在产区内驰名,并销往全国各地。

团队主要人员介绍:

元森酒庄创始人:张军有

一直致力于农业节水行业,有深厚的农业情结。任巴州葡萄酒协会副会长,巴州河南商会常务副会长,多年来,勤勤恳恳种植葡萄,一直坚持有机种植及酿造理念,为酿一瓶安全美酒而乐此不疲。

少庄主:张元森

酒庄名称就源于少庄主的名字,多年来与创始人共同打拼,现在负责酒庄管理与葡萄酒销售。

厂长兼酿酒师:王真

与酒庄建设共同成长的实践者。毕业后一直在酒庄辛勤工作,踏实能干,在实践中练就了过硬的酿造本领,现任元森酒庄生产厂长兼酿酒师。

主要种植品种:

赤霞珠、马瑟兰、美乐、霞多丽等葡萄品种。

地址及联系方式:

新疆巴州焉耆县七个星镇东戈壁葡萄基地
400-9927-519

游客接待能力:

元森酒庄拥有集住宿、餐饮、休闲、娱乐为一体的生态农庄一座(三星级农家乐),农庄内设700余平方米多功能餐饮大厅,配置18平方米高清彩色电子屏和齐全的音响设备。住宿设施包括普通标间9间和特色蒙古包2座。农庄还设有有机蔬菜大棚两个、采摘体验区一块、特色养殖区一块、垂钓池一个、游泳戏水区一片、自助烧烤娱乐长廊一个、小广场一座和品酒展示厅两个,可同时提供150人的餐饮、住宿和娱乐服务,也可提供500人的餐饮服务。

主要产品：

【元·臻品】干红葡萄酒

葡萄品种：赤霞珠
产品风格：酒体颜色为清澈的红宝石色，入口柔滑，单宁细腻，口感层次感强，有浓郁的黑色水果香气，并伴随着香料和烘烤香气，香气浓郁且层次丰富。

【元·臻选】干红葡萄酒

葡萄品种：赤霞珠
产品风格：酒体颜色呈现出宝石红色，果香浓郁迷人，具有黑醋栗、黑樱桃及植物性气息，口感细腻优雅，结构平衡，回味悠长。

【经典·酒庄酒】干红葡萄酒

葡萄品种：赤霞珠
产品风格：迷人诱惑的宝石红色酒体，黑色水果香气浓郁优雅，酒体结构饱满均衡，单宁细腻柔软，果味香气和青草植物性香气充满口中，体现出赤霞珠葡萄典型特征，回味绵长。

产品主要获奖清单：

新疆元森葡萄酒业有限公司生产的葡萄酒多次荣获亚洲葡萄酒质量大赛金、银奖等奖项；

第四届葡萄美酒节华夏酒报国际葡萄酒大赛中获得最具风格葡萄酒银奖；

中国优质葡萄酒挑战赛金奖、银奖、新酒优胜奖、最佳性价比奖；
RVF中国优秀葡萄酒2015年度大奖；
第二届中国精品葡萄酒挑战赛"精品奖"；
中国（泸州）国际酒业博览会青酌奖TOP10；
WINE100葡萄酒大赛评委推荐奖；
布鲁塞尔世界葡萄酒大赛金奖；
首届IWGC国际葡萄酒（中国）大奖赛金奖。

9．戈壁大漠的文化传奇——西耆酒庄

西耆酒庄见附图1-10。

附图 1-10　西耆酒庄

企业名称：新疆中伟揽胜酒业有限公司

所属子产区：七个星小产区

公司简介：

新疆中伟揽胜酒业有限公司是一家集酿酒葡萄种植、葡萄酒酿造、营销和文化旅游为一体的现代企业。中伟揽胜·西耆酒庄位于新疆焉耆盆地产区，是一座具有欧式建筑

风格和西域戈壁风情的酒庄。公司成立于2013年5月，拥有优质标准化酿酒葡萄基地3000亩，种植有赤霞珠、美乐、霞多丽、西拉、马瑟兰、威代尔等葡萄品种。酒庄采用高效节水滴灌和有机栽培模式，进行科学化、标准化种植管理，确保控产提质。酒庄年产优质葡萄酒1500吨，已形成西耆系列葡萄酒。被中国酒媒网评为2017年"中国最具潜力酒庄"。

酒庄秉承"尊重自然，精心酿造"的理念，致力于酿造最能体现产区风格和公司文化的酒庄酒，全部生产过程均在酒庄完成。公司聘请中国知名葡萄酒酿造专家进行技术指导，由有丰富经验的酿酒师负责生产技术。严格按照国际葡萄酒组织（OIV）酿造标准进行生产，坚持"小酒庄、精品酒"的生产定位。10年来西耆人克服种种自然环境挑战，将3000亩的广袤戈壁滩改造成一片绿洲，同时缔造出能代表中国领先品质的西耆品牌系列葡萄酒，这些产品在多项国内外葡萄酒大赛中荣获数项殊荣。

认证情况：

中国葡萄酒"有机食品"认证。

主要种植品种：

赤霞珠、美乐、马瑟兰、西拉、霞多丽、威代尔、玫瑰香。

地址及联系方式：

焉耆县葡萄产业园区十个星镇东戈壁泰葡庄
13899053533

主要产品：

兰德斯威代尔冰甜白葡萄酒

葡萄品种：威代尔
产品风格：葡萄延迟至11月采收，该款酒采用直接压榨法，并通过低温澄清和低温发酵工艺而成，控制发酵过程保留适量糖分。产品呈金黄色，清澈透明。具有典型的品种香气，果味充盈，具有柚子、水蜜桃、蜂蜜等香气。口感新鲜活泼，余味爽净，适合冰镇后饮用。

西耆酒庄暮醉橡木桶干红葡萄酒

葡萄品种：赤霞珠

产品风格：该款酒采用精心粒选的葡萄在不锈钢发酵罐中低温浸渍和控温发酵，最终在法国橡木桶中陈酿而成。产品呈典雅的深宝石红色，香气馥郁，具有黑梅、黑加仑等黑色水果的香气，经过橡木桶的陈酿赋予了这款酒蘑菇、烟熏、榛子等复杂香气，入口醇厚饱满，单宁细腻丝滑。

帝尊马瑟兰橡木桶干红葡萄酒

葡萄品种：马瑟兰

产品风格：该款酒采用精心粒选的葡萄在不锈钢发酵罐低温浸渍和控温发酵，在法国橡木桶陈酿12个月或18个月，瓶储24个月而成。产品呈典雅的深宝石红色，香气馥郁、具有典型的黑色水果的香气和薄荷的香气，入口醇厚均衡，单宁细腻，余味悠长。

产品主要获奖清单：

2015中国优质葡萄酒挑战大赛银奖；

RVF中国优质葡萄酒2015年度大奖；

2016中国优质葡萄酒挑战大赛新酒优胜奖；

第八届亚洲葡萄酒质量大赛银奖；

2017鸡年生肖奖银鸡奖、美乐单品种组季军；

2018中国优质葡萄酒挑战大赛银奖；

2018中国优质葡萄酒挑战大赛金玫瑰奖；

2018亚洲优质葡萄酒质量大赛银奖；

2019亚洲优质葡萄酒质量大赛银奖；

2019亚洲优质葡萄酒质量大赛金奖。

10. 夫妻共同奋斗的家庭典范——易林酒庄

易林酒庄见附图1-11。

附图1-11 易林酒庄

企业名称：新疆易林酒庄有限公司

所属子产区：七个星小产区

公司简介：

新疆易林酒庄有限公司成立于2009年，坐落在新疆天山南麓焉耆盆地的腹心七个星镇。公司依靠地理优势和自有酿酒葡萄园所生产的优质有机酿酒葡萄形成了集葡萄种植、酿造、加工、销售、储藏、生态旅游为一体的农业产业链。

酒庄建设规模设计年生产葡萄酒500吨，占地面积4万平方米，建筑面积为2500平方米。酒庄包括发酵、贮酒、灌装、陈酿、酒穴、贮存、化验等生产车间和仓储，还包括酒庄综合别墅区、办公室、葡萄酒文化展示区、垂钓人工湖、篝火晚会广场、20亩绿化百果园。酒庄可为游客提供多种鲜果及千亩葡萄园采摘、观光、游览等体验，集红酒品鉴、美食品鉴、民宿休闲于一体。

酒庄始终坚持"好葡萄酒是种出来的"核心理念、"精益求精"的酿造理念，易林酒庄有信心、有决心把易林产品推向全疆、全国乃至全世界，做精致、有鲜明特色的中国酒庄酒！

团队主要人员介绍：

酒庄酿酒师：王建军

富有经验和诚信的葡萄酒行业专家。他持有大专学历，拥有深厚的行业知识背景。多年来，一直从事葡萄酒产业种植和加工工作。他对葡萄酒的生产流程、葡萄种植技术和市场趋势有深入的了解和研究。通过不懈的努力和精湛的专业技能，他在行业内建立了良好的声誉，为新疆易林酒庄有限公司的发展奠定了坚实的基础。

认证情况：

2024"品味新疆"好产品。

主要种植品种：

赤霞珠、马瑟兰、西拉。

地址及联系方式：

新疆巴州焉耆县七个星镇（东戈壁葡萄基地）
0996-2275777，19999196999

主要产品：

2021珍藏干红葡萄酒

葡萄品种：赤霞珠
产品风格：该款酒特选新疆焉耆产区易林酒庄自有葡萄园种植的赤霞珠葡萄，由酒庄主夫妇亲手精心打造，酒体颜色深重，带有十分浓郁的黑色水果香气，酒体饱满，口感强壮而优雅。酒精度适宜平衡，余味悠长。

2019特酿赤霞珠干红葡萄酒

葡萄品种：赤霞珠
产品风格：该款酒特选新疆焉耆产区易林酒庄自有葡萄园种植的赤霞珠葡萄，由酒庄主夫妇亲手精心打造。由于当地相当充沛的阳光与积温，酒体颜色深重，带有十分浓郁的黑色水果（黑醋栗）香气。酒体饱满，口感强壮而优雅，酒精度偏高却不失平衡，余味悠长。

2021特酿赤霞珠干红葡萄酒（金标款）

葡萄品种：赤霞珠
产品风格：该款酒特选新疆焉耆产区易林酒庄自有葡萄园种植的赤霞珠葡萄，由酒庄主夫妇亲手精心打造，酒体颜色呈深宝石红色，香气以黑色浆果为主导，展现雪松、烟盒、巧克力以及橡木带来的烘焙气息，口感强壮而优雅，酒体中等偏重，单宁有结构，酸度适中，余味悠长。

焉耆盆地产区更多优质酒庄名录

焉耆盆地产区以其绝佳风土和乡村振兴的号角吸引了众多的创业者进入产区发展，除上述这些酒庄外，产区的酒庄还有很多，所生产的产品也是风格多样，其中不乏品质优秀的佳酿，有待葡萄酒爱好者们来深入探索。按小产区分布罗列如下。

七个星小产区： 邦域酒庄　轩言酒庄　瀚海酒庄　君域酒庄　泰华酒庄　传耆酒庄　七星酒庄　晟辉酒庄

和硕小产区： 壹兰酒庄　和顺酒庄　合硕特酒庄　芮克兰酒庄　松桥酒庄　天硕酒庄　清园酒庄

南山小产区： 天瑜酒庄

223团小产区： 甘露酒庄　云珠酒庄　嘉禾酒庄　卡瑞尔酒庄

附录2　葡萄酒品鉴方法

作为酒类爱好者，最美好的事情就是品酒。品酒是一个没有门槛的游戏，任何人都可以轻松参与，但是如果缺乏一些基础品鉴技巧，很可能就会陷入仅能表达出这款酒好喝，另一款酒不好喝的境况。虽然这也没错，但是却缺少了抽丝剥茧、细细品味的高级感受，也不利于我们使用酒类进行社交。如果你能品鉴出一支酒的风格特征，并用合理且符合场景的语言表达出来，一定会有助于你快速打开本次社交，也会让别人对你的认知增色不少。

葡萄酒可以给人全方位的感官享受，这种享受主要通过视觉、嗅觉和味觉得以呈现。不过每个人对不同香气的敏感度各不相同，所以同一支酒有可能给不同人带来不同的感受。我们将从观色、闻香和品味三个维度对品鉴技巧进行说明。

1. 观色

葡萄酒带来的视觉感受主要来自于对澄清度和颜色的观察。我们喝到的大多数葡萄酒都会经过澄清及过滤过程，一般都是澄清透明的。如果一支酒变得不再澄清，有很多悬浮物，这瓶酒很大概率已经不在它的最佳状态了。不过需要注意的是，大部分较为浓郁的红葡萄酒和部分白葡萄酒会在陈年过程中逐步产生天然的酒石酸结晶，这是正常现象。在红葡萄酒中，会以黑紫色玻璃状结晶沉淀在瓶底或者沉积于酒塞上，而白葡萄酒则是出现类似细碎玻璃渣状的透明沉渣，这些沉渣无毒无害，但口感并不好，应该避免倒入杯中饮用。还有少部分酒款有可能为了保持更好的自然风味而不进行澄清或过滤操作，也有可能在酒液中存在一定量悬浮物。

葡萄酒的颜色可以直观表达葡萄酒的状态信息，甚至可以让你预判这支酒的风格特征。对白葡萄酒来说，随着酒龄的增加，其色调由绿色向黄色转变。新鲜生产出来时，它的颜色可能是微黄带点青绿色甚至可能近乎无色，随着陈年和氧化的进程不断加深，颜色会逐渐变深，转变为淡黄色、黄色、金黄色、棕色。而且当一支白葡萄酒口味越饱满，甜度越高时，它的颜色也会更深。所以一杯金黄色的白葡萄酒，有可能是经过长时间陈年，也有可能是一支非常甜美的甜酒。

对红葡萄酒来说，随着酒龄的增加，其色调由紫色向褐色转变。红葡萄酒的颜色是红色系的，这种颜色来自于葡萄皮中的花青素等色苷。刚刚生产出来的红葡萄酒往往呈现出明显的紫红色，随着氧化和陈年的过程，紫色会逐步褪去，颜色将逐步过渡为宝石红色、石榴红色、砖红色、棕色。当花青素被完全陈年转化后，红葡萄酒的颜色看起来与陈年的白葡萄酒非常类似。

附图2-1为葡萄酒的常见颜色变化趋势。

附图2-1 葡萄酒的常见颜色变化趋势

2. 闻香

在所有酒类中，葡萄酒的香气特征是最为丰富多彩的，我们可以闻到极其丰富的香气种类，其中各类水果的香气最为常见，各类花香、植物香气、香料气味也很常见，而有一些生产工艺也会带来一些特殊的香气。因此，多在生活中感受不同香气，当你品酒时，才能更加敏感地捕捉到更多香气特征。

白葡萄酒中最常见的香气包括柑橘类水果香气如柠檬、橙子、西柚等以及更加甜美成熟的桃子、杏子、甜瓜等水果香气。还有很多白葡萄酒会呈现出热带水果香气如菠萝、荔枝、芒果、番石榴等。很多优质的白葡萄酒都会让人感觉到清晰的花香。同时，白葡萄酒中还经常会呈现出矿物质、打火石、海盐的独特香气。

红葡萄酒的香气相对白葡萄酒往往更为厚重饱满。一些外皮红色的水果香气如草莓、红樱桃、山楂等经常出现在优雅轻盈的红葡萄酒中；而蓝莓、黑樱桃、桑葚等气味更常见于颜色更加深邃的红葡萄酒中。花香、果干的香味以及青椒、树叶等植物类香气在红葡萄酒中也很常见。

蜂蜜、花粉等香气经常会出现在甜型葡萄酒中。而橡木桶发酵或陈年的葡萄酒则有可能带来烘烤、烟熏、奶油、香草、椰子壳的香气。较长时间陈年还可能带来动物皮毛、烟草、咖啡、黑巧克力、烤坚果的香气。

然而，葡萄酒中也有可能出现一些让人不愉悦的气味，这些气味往往是葡萄酒品质下降的标志。例如，有一些葡萄酒会受到软木塞中一些微量化学物质三氯苯甲醚（TCA）的污染，而出现湿纸箱的味道，同时酒中的果味也会消失殆尽，这种情况被称为软木塞污染。而酒中散发臭鸡蛋、浓重老抽酱油或者强烈的陈醋气味时，也往往象征着这瓶酒储存过程中出现了一些问题或者已经过适饮期。

3. 品味

一支葡萄酒只有当你喝到口中才算是与它真正接触，口腔中你能感受到的香气特征往往与嗅觉是类似的，但是同时因为味觉比起嗅觉没有那么敏感，我们更依赖嗅觉感受香气。不过有一些其他的风味指标可以帮助我们更好地理解和品鉴葡萄酒。

首先是糖分，如果葡萄酒中有明显的残留糖分，就会让人感觉甜美。不过有些非常成熟的葡萄酿造的葡萄酒，即使没有残糖，也会因为非常成熟的果味而让人产生甜美的错觉。

酸度是葡萄酒必不可少的味觉特征，酸度过低的葡萄酒会给人沉闷的口感。人对酸度的感知会受到甜度的影响，所以当你判断一支葡萄酒的酸度时，更应该依赖你的唾液腺，当你口水分泌越旺盛时，说明这支酒酸度越高；反之，则说明酸度越低。

单宁是葡萄皮中鞣酸类多酚物质带给口腔的复合感受，类似于收敛感。单宁在葡萄酒中的表现分为两个维度，首先是量，当单宁量越多时，口腔能够感受到的收敛感越强烈、范围越广。另一个维度是细腻感，有些优质单宁会给你带来天鹅绒一般的丝滑细腻感，而有些让人不适的粗糙单宁则会让人觉得像是咬了一口生柿子或者木头般粗糙难忍。单宁是红葡萄酒的一个重要特征，它不仅可以抵挡氧气的侵蚀，让红葡萄酒更好地陈年，同时也会带来更好的结构感。作为酒类发烧友，你要学会欣赏优质单宁。

回味是评价一支葡萄酒的重要指标之一，就如同好茶一定有长时间的生津回味，优秀的葡萄酒也一样，悠长的美好回味是一支好酒的标配。不过也请注意并非回味长的就是好酒，我们需要从多个维度进行综合判断。

4. 感官表达与估值

当你品鉴完一支酒后，仔细地感受了它的全部特征，就可以对它进行感官表达和综合评价了。除了前文提到的这些感受，你还可以对它的平衡感、浓郁度、复杂性以及典型风格做出更进一步的判断，甚至给出对这支酒的价值判断。

一支平衡、浓郁、复杂且回味悠长的酒一定是一支好酒。但一支酒的好坏是有标准的，可它带给你的愉悦并没有标准答案，这支酒是否适合你自己，只有你的嘴和心最清楚。只要它能真的打动你，对你来说，这就是一支"好酒"。

附录3 专业名词解释

1. 盐碱地

盐碱地是指土壤里面所含的盐分过高、影响作物正常生长的土地,根据联合国教科文组织和粮农组织不完全统计,全世界盐碱地的面积为9.5438亿公顷,其中我国占9913万公顷。我国碱土和碱化土壤的形成大部分与土壤中碳酸盐的累积有关,导致碱化度普遍较高,严重的盐碱土壤地区植物几乎不能生存。

2. 昼夜温差

昼夜温差是指白天最高温与当日最低温之间的差值。昼夜温差越大,越有利于葡萄生长,白天葡萄可以充分成长积聚糖分和风味物质,而晚上的凉爽又可以让葡萄得到良好的休息。较大的昼夜温差非常适合生产风味浓郁、香甜可口的水果。

3. 欧亚种葡萄

葡萄有非常多的分支品系,欧亚种葡萄(*Vitis vinifera*)是世界最重要的葡萄种群,包括5000多个亚种。这些葡萄广泛用于鲜食、制干、制汁和酿酒,如龙眼葡萄和赤霞珠葡萄等。欧亚种葡萄起源于欧亚大陆,生长期少雨、光照好,是经济价值最高的葡萄种群之一。现代葡萄酒的原料大部分都是欧亚种葡萄。

4. 二氧化碳浸渍法

二氧化碳浸渍发酵(简称MC)是将未进行破碎的整串葡萄置入二氧化碳气体中,使其处于无氧条件下进行发酵,即使没有酵母菌的作用,葡萄浆果本身也可将少部分糖转化为酒精并形成特殊香气的酿造方法。经过这种发酵方式酿造的葡萄酒具有独特的品质,比如香气十分丰富、葡萄酒的口感比较柔和、葡萄酒颜色更稳定等。法国勃艮第地区的博若莱新酒就是通过二氧化碳浸渍法发酵而成,其香气清新、口感柔和以及特色鲜明。

5. 低温浸渍(冷浸渍)

低温浸渍是葡萄酒酿造过程中的一种工艺名称,是指在持续较低温度的条件下,让葡萄皮与葡萄果汁相接触,以便葡萄汁萃取葡萄皮中更多的芳香物质,给酒液增添更多的轻盈花香和新鲜果味。

6. 酒刀

酒刀是开启软木塞葡萄酒的常用专用工具。主要由酒帽刀、螺旋钻和手柄三部分构成。熟练掌握使用方法可以更好地打开软木塞封装的葡萄酒，同时展现出优雅的仪式感。

7. 醒酒器

醒酒器是葡萄酒的常见用具，一般由透明玻璃制成。主要有两方面的作用：其一是可以让新鲜的葡萄酒或者单宁较重的葡萄酒接触氧气变得软化顺口并散发更多的香气特征；其二是可以在陈年葡萄酒除渣过程中使用，让酒渣留在酒瓶中，取出酒液供饮用。这一过程还需要配合光源使用，极具仪式感。

附录4　基本侍酒技能

酒行业有一个帅气的职业名叫侍酒师，这是一个有着悠久历史的职业。他们帅气、博学，有他们存在的场合，葡萄酒喝起来会更有仪式感。作为爱好者虽不必学习侍酒师的全部技能，但是掌握一些必备技能非常有助于提升享受葡萄酒的乐趣感，还能让你在小伙伴身边展示一点独特的技能。下面我们一起来了解一些生活和社交中经常会用到的侍酒师基本技能。

1. 如何选择酒杯

葡萄酒杯纷繁复杂，很多酒杯大厂甚至生产了数十个不同种类的酒杯以适应不同场景，作为侍酒师你可以去繁就简，用最简单的2~5种酒杯足以应付绝大多数场合，常见的葡萄酒杯类型见附图4-1。最常见的酒杯就是所谓的波尔多杯，它们有着将要盛开的玫瑰花般的杯型，杯脚较长。如果只能选择一种酒杯，选它就没错，它可以胜任大多数葡萄酒场景。

附图4-1　常见的葡萄酒杯类型

但是如果有起泡酒出现的时候，波尔多杯就缺少了一点优雅感。这时细长的笛型香槟杯更加合适，你不仅能品尝美酒，还能欣赏到无数小气泡从杯底升起到液面然后轻轻破碎的全过程，精致且优雅。

还有一种名为勃艮第杯的酒杯，它们相对波尔多杯肚子更宽，杯口相对更小。这种酒杯更适合品鉴轻柔优雅的红葡萄酒，更大的肚子会让酒液面积更大，杯口更小可以更好地聚集香气，让你能更好地欣赏这些酒。

所谓白葡萄酒杯，一般是小一号的波尔多杯，它们每次倒入的酒量相对更少，有助于快速喝完，保持酒液的冰冻口感，同时防止不耐氧化的白葡萄酒长时间接触大量氧气。

而如果当天还要品鉴很甜的甜酒，这时候一只容量较小且翻边的甜酒杯是最好的选择。它可以让酒液快速到达唾液腺，刺激唾液分泌，降低甜腻感。

2. 如何优雅地打开葡萄酒

葡萄酒主要有两种封瓶方式：软木塞和螺旋盖，这两种方式都能很好地隔绝外界空气让葡萄酒陈年。螺旋盖开启非常简单，只需要像饮料瓶一样旋开即可，非常方便。但软木塞封装的葡萄酒开瓶有一定难度。虽然网上流传用打火机、用鞋等方法有一定概率能够打开葡萄酒，但是这些方法第一有可能影响到葡萄酒的精妙口感，第二在公共场合总是缺少了一些仪式感。我们可以用简单的几步打开一瓶软木塞葡萄酒。

学习打开软木塞封装葡萄酒前，我们先认识一下开瓶工具——酒刀（附图4-2）。市面上有各种各样的酒刀，虽然价格千差万别，便宜的仅需要几元钱一把，昂贵的如拉吉奥乐酒刀甚至需要数千元一把，但是它们的结构基本相同，都是由酒帽刀、螺旋钻、手柄和卡扣支点四部分构成。

开启软木塞葡萄酒时，首先你需要打开酒帽刀，并用其沿着酒瓶口的上沿或者下沿切开，推荐切割下沿，更加美观实用。然后打开螺旋钻，从软木塞的正中心垂直钻下，直至螺旋钻仅留半圈到一圈在外边。接下来你需要将卡扣支点卡在瓶口，并

附图4-2　酒刀

握紧手柄向上做杠杆运动，直至将软木塞几乎提出酒瓶口。如果酒刀有两节卡扣支点，可以依次使用更加轻松。至此，你已经非常优雅地完成了开瓶的过程。最后，你可以用手轻轻取下软木塞，还可以深深地嗅闻一下软木塞接触酒液的一面，这时的软木塞已充分吸收了芬芳香甜的果香。

此外，葡萄酒开瓶工具还有很多，比如专门用来开启陈年老酒的开瓶器，可以防止长时间浸泡酒液的酒塞断裂。近年来，爱好者圈子中非常流行无损倒酒的偷酒神器"Coravin"和倍爵系列气调保鲜取酒器（附图4-3），都是非常有用的工具。它们可以在不打开瓶塞的同时取出酒瓶中的酒液，并通过充入惰性气体保护剩余的酒不会变质。这些工具充分解决了每天只想喝一杯、又怕剩下的酒变质的问题，这些工具都非常值得爱好者收集使用。

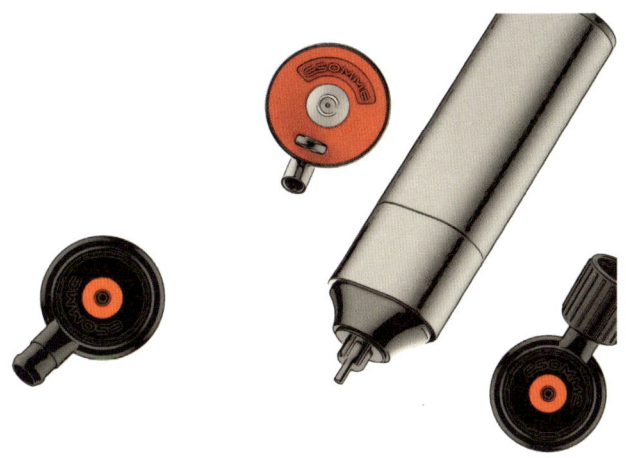

附图 4-3　侍美系列气调保鲜取酒器

3. 如何控制更适合的饮用温度

葡萄酒的风味精致、细腻，需要合理的饮用温度才能将其特点展现得淋漓尽致。如果温度过高，会让酒精感更加突出，这会降低精致的果味和清爽感，增加粗糙感；相反过低的温度会让酒的香气难以充分展现，会缺乏澎湃的力量感和立体的结构感，而且有可能让酸度感知过于强烈。不同味型葡萄酒推荐饮用温度见附表4-1。

附表4-1　不同味型葡萄酒推荐饮用温度

白葡萄酒	高酸清爽型	充分冰镇至10℃以下
	成熟苦香型	充分冰镇至10℃以下
	复杂饱满型	冰镇至8～12℃
	酸甜可口型	充分冰镇至10℃以下
	甜美浓郁型	充分冰镇至8℃以下
红葡萄酒	清新果味型	轻微冰镇至12～16℃
	干爽平衡型	控温至16～20℃
	成熟甜香型	控温至16～20℃
	强劲有力型	控温至16～20℃
	复杂宏大型	控温至16～20℃
起泡酒	各类型起泡酒	充分冰镇至10℃以下

需要注意的是不同类型的葡萄酒最适合的饮用温度不同。总体来说，大多数干红葡萄酒适合在15～18℃的温度下饮用，这样的温度能更好地展现干红葡萄酒的风味及口感。而对干白葡萄酒、甜酒和起泡酒来说，它们需要更好地展现出清爽感，而酸度降低有助于让清爽的感受提升，所以这些酒可以冰镇至6～12℃口感更好。其中，越甜的酒适合冰镇得越充分，而干型葡萄酒适合在此范围内温度控制稍高一些。

也可以参照法国饮用葡萄酒的温度建议，结合自己的品尝经验，选择性地对葡萄酒进行温度调控。

优质波尔多红酒：16～18℃

优质勃艮第红酒：14～16℃

口味较清爽的红葡萄酒：13～16℃

桃红葡萄酒：10～14℃

清爽的干白葡萄酒：8～12℃

浓郁的干白葡萄酒：10～14℃

香槟、起泡葡萄酒：7～10℃

加强酒/利口葡萄酒：6～10℃

4. 如何妥善储存和陈年葡萄酒

葡萄酒是有生命的液体，其精致的风味不仅非常依赖于精良的酿造工艺，同时也很依赖于妥善的储存条件，在合适的存储环境下，一瓶耐陈年的葡萄酒可以静静陈年发展，逐步到达其最佳适饮期，并展现出最好的状态；但如果储存环境过于恶劣，可能仅需一下午的时间，这瓶好酒就将走向终结。

合适的温度和避光是葡萄酒储存的两个关键因素，长期储存葡萄酒需要在10～20℃并尽量恒温。同时应该避光，防止紫外线导致葡萄酒快速老化。对大多数家庭来说，想要长时间储存葡萄酒，一个小型酒柜是必不可少的，否则很难长时间维持这样的温度和条件。如果仅是在家中短时间储存葡萄酒，可以选择避光且温度尽量接近合适温度的地方，比如没有地暖且处于非向阳房间的床底，或者冰箱冷藏区域，不过一定注意，这些地方并不适合长时间储存。

如果需要转运葡萄酒，应该准备适当的避光及恒温包装，一定要避免在夏季将葡萄酒放入后备箱中，夏季的阳光会将没有制冷的后备箱温度提升到超过50℃，这种高温环境下葡萄酒会快速劣化失去活力，甚至会因为瓶内压力过大而导致顶塞漏液。

附录5　焉耆盆地葡萄酒文化旅游A级以上景点简介

巴州焉耆盆地葡萄酒产区致力于深度开发葡萄酒文化旅游资源，旨在打造集观光、品鉴、体验、教育于一体的葡萄酒旅游目的地，吸引更多游客到达产区，有效放大葡萄酒产业的集聚效应和辐射效应，提升产区吸引力。

目前，7家酒庄被评为自治州级工业旅游示范基地；1家酒庄被评为自治区特色博物馆；1家酒庄被评为自治区工业旅游示范基地；4家酒庄被授予自治区休闲旅游特色精品葡萄酒庄；还有3条线路入选自治区葡萄酒文化旅游精品线路。

一、酒文化旅游景点

1. 乡都酒堡

国家AAA级旅游景区、自治区休闲旅游特色精品葡萄酒庄

乡都酒堡位于焉耆县七个星镇西戈壁，乡都来源于法文的音译，法语译为"金色的田野"，中文寓意为"葡萄之乡，美酒之都"。酒堡2010年被评为国家AAA级旅游景区。2016年投资3000万元建成1500平方米的海瑞盛健康科技体验馆，通过科学、知识、趣味相结合的展览内容与声、光、电、裸眼3D等高科技呈现的互动形式，让学生们体验到愉悦并感受到科技魅力。该科技体验馆为焉耆县科普教育基地、中小学生研学基地，近三年接待研学学生达1200人次，每期可同时接纳200~230名学生开展研学活动，建有多功能厅、广场、餐饮区、绿植休闲区等区域，布局合理且功用齐全。

新疆乡都酒业有限公司是一家以葡萄种植和葡萄酒加工为主的中法合资企业，于2002年4月注册成立，由新疆仪尔高新农业开发有限公司、香港蓝熊猫发展有限公司、香港宇晨集团有限公司三方共同组建的合资公司，注册资金达2000万元。近年来，乡都酒业不断扩大生产规模，一期工程投资7000万元建成了年生产能力3000吨的乡都酒堡，形成了2.4万亩的优质酿酒葡萄基地，并全部采用高标准节水灌溉技术。二期工程总投资9271万元，7000吨酒堡扩建项目已建成投产（附图5-1）。企业生产的主要产品有白兰地、典藏、安东尼、金贝纳、干红、干白等系列葡萄酒，全疆已有近500家酒店、餐饮店、专卖店销售乡都系列产品，产品销售份额已占全疆中高档葡萄酒销售市场的70%以上。"乡都"品牌被评为中国驰名商标，乡都酒业先后被评为新疆农业产业化龙头企业、全国工农业旅游示范点、全国农产品加工业示范企业、全国经济林产业化龙头企业，是中国葡萄酒行业内

附图 5-1　乡都酒堡

率先通过国家有机食品认证及绿色食品AA级认证的企业，也是自治区人民政府30家重点扶持民营企业之一。

2018年，为了提升旅游服务，公司建成"乡都忆里"民宿（附图5-2），共设房间30个，采用记忆中田园生活的红砖、泥巴墙、水泥地、木头等作为装修元素打造的精品主题民宿，柔性灯光和舒适的床品让您在乡都的个性化旅行中留下美好的回忆。

附图 5-2　"乡都忆里"民宿

2. 天塞酒庄

国家AAA级旅游景区、自治区休闲旅游特色精品葡萄酒庄

天塞酒庄位于焉耆县七个星镇218国道附近，成立于2010年3月，是一座致力于打造葡萄酒酿造与葡萄酒生活方式双重平台的现代化田园观光式综合酒庄（附图5-3），堪称循环农业的实践者。酒庄之名来源有二，其一就是酒庄的投资人很喜欢摄影，"天塞"是德国蔡司公司一款经典的相机镜头的名字，已传承100多年，酒庄也希望天塞所酿造的葡萄酒能够得到百年传承；其二是酒庄的北面就是天山，取"天山脚下，塞外庄园"的寓意。

天塞酒庄主体建筑面积26639平方米，分为种植园和生活区，另有马场、有机肥料厂、地下酒窖、水泵房、锅炉房、纯净水厂等酒庄配套设施。游客可以通过参观通道参观壁画、生产车间、酒窖等。

酒庄休闲体验项目较多，吸引力较强，且紧密结合地方特色，乡土风情浓郁，文化深厚，项目内容不重复，各具特色。酒庄根据自身特点有垂钓、采摘、种植等农事活动，还有酿酒酒标制作等生产体验活动；采摘节、丰收狂欢夜、歌舞表演等节庆活动；会员还会有摄影、骑马、徒步、野外露营、烧烤、篝火等文化体育活动。新建项目以生态农业观光旅游为主导，设有办公室、地下酒窖、游客接待中心、采摘园、养殖场、胡杨林公园、白兰地生产车间等。目前，6000平方米地下酒窖已建成并投入使用，100亩采摘园已建成，并种植葡萄、蔬菜、西瓜、苹果等供游客采摘及餐饮使用；养殖场已养殖鸵鸟、兔子、鸽子、孔雀、珍珠鸡等供游客观赏。2500平方米游客接待中心一期已完成并投入使

附图5-3　天塞酒庄

用，4323平方米游客接待中心2期正在建设中，胡杨林公园建设进度达70%，正在完善休憩配套设施。

天边文旅小镇正式对外开放。涵盖珍禽走廊、观光菜园、观光果园、畜禽乐园、越野营地、露营公园、农事科圃、橡木森林、游园马道、自驾车道、骑行路线、徒步栈道等项目点，可体验酒庄多元特色旅游魅力。其中新建中国首家酒庄相机博物馆"天塞之光·摄影艺术中心"对外展示1600余件摄影器材，荣膺"新疆特色博物馆"称号。

3. 馨玉酒庄

国家AAA级旅游景区、自治区休闲旅游特色精品葡萄酒庄

金恪集团旗下的馨玉酒庄（附图5-4），位于博斯腾湖西南的中国精品葡萄酒产区——新疆天山南麓焉耆盆地。酒庄占地108亩，并拥有2.3万亩生态葡萄园和1000亩特色林果采摘体验园。酒庄毗邻中国最大的内陆淡水湖——博斯腾湖，背靠天山支脉库鲁克塔格山，右依艾勒逊乌拉沙漠，园区主体建筑采用浓郁的民族特色合院式布局，同时也是国家AAA级旅游景区，特色餐饮、高端酒店、会议服务、健身休闲等相关设施一应俱全。

附图5-4 馨玉酒庄

4. 芳香庄园

自治区休闲旅游特色精品葡萄酒庄、州工业旅游示范基地

新疆芳香庄园酒业股份有限公司，以农业产业化高科技企业之姿，集种植、加工、

销售、科研于一体。自2004年起，荣获"国家级农业产业化龙头企业"称号。芳香庄园拥有年产万吨的葡萄酒厂，建设了两个总面积约6400平方米的地下酒窖，具备30万瓶瓶装酒的仓储能力。自主管理2万余亩生态酿酒葡萄园，坚持"高标准、出好品质"的企业标准，秉承"好葡萄酒是种出来的"企业理念，从种植到灌装，全程由酒庄严格管控，确保每一颗葡萄都源自庄园。

5. 罗菲特酒庄康庄生态园

国家AAA级旅游景区

依托康庄生态园（附图5-5）景区的资源，在这里您既能感受乡野农趣，也能体验工业文明的魅力，作为南疆最大的拓展训练基地，配套水上冲关和五星级孔雀翎房车营地，流连于三星级小球与射箭训练场，漫步于葡萄长廊，入住生态木屋，看小动物，游玩儿童乐园，还有室内国标游泳馆、篮球馆、乒乓球馆等综合训练场地，同时具备600人接待能力的商演游客中心，将为您提供全面舒适的休闲义娱和研学团建服务。

附图5-5 康庄生态园

6. 冠颐酒庄

新疆冠颐酒业有限公司是集葡萄有机种植、葡萄酒加工酿造和推广、葡萄酒文化传播、健康养生、休闲度假等业务为一体的农业企业。

特别值得一提的是冠颐酒庄为展现中国传统葡萄酒文化，收集了大量与葡萄酒文化相关的历史文物，于2020年6月设立新疆冠颐酒庄西域葡萄酒文化博物馆，并于2022年获得自治区特色博物馆认证（附图5-6）。博物馆面积450平方米，博物馆长廊两侧摆放260余件文物，不仅有酿酒所用器皿，还有历史上新疆区域所使用的流通货币和通信使用的木牍、封印等（附图5-7）。

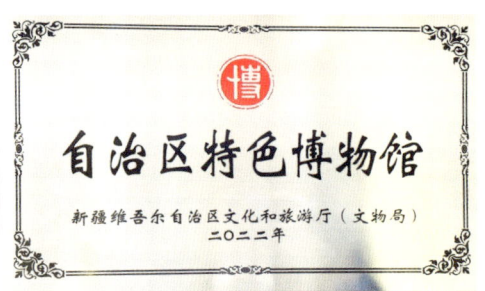
附图 5-6　自治区特色博物馆认证

附图 5-7　西域葡萄酒文化博物馆

7. 佰年酒庄

自治州工业旅游示范基地

新疆佰年庄酒业有限公司（附图5-8）位于新疆中部天山南麓、焉耆东北部、博斯腾湖北岸。这里是美丽的丝绸之路必经之地，古西域三十六国之"危须国"境内。

附图 5-8　佰年酒庄

酒庄基本组成单元包括葡萄基地、葡萄酒生产车间、葡萄酒文化展示厅、休闲设施、配套附属设施等，是一个集葡萄种植、酿酒、灌装、旅游为一体的葡萄酒庄。

佰年坚持有机种植与酿造，倡导一种与大自然和谐共处的健康生活方式。

8. 国菲酒庄

自治州工业旅游示范基地

国菲酒庄（附图5-9）成立于2011年4月，2012年投产。酒庄占地50亩，自有2000亩葡萄基地，是集多种功能于一体的花园式酒庄。

新疆瑞泰青林酒业有限责任公司位于乌什塔拉乡，紧邻314国道，交通便捷。门口是S325省道，离马兰火车站仅10分钟车程，距库尔勒机场130千米。周边有两条旅游线路。

这里有特色建筑，它们见证荒漠变绿洲，还有大量观景木和果树，可赏花尝果，随处留影。同时，娱乐设施丰富，适合开展友谊赛。百米爬山虎长廊是这里的独特风景，葡萄酒文化展示厅可感受文化和品鉴美酒。拥有多个品种和工艺制作的十余款葡萄酒产品。餐饮可容纳40余人，酒庄提供自养食材与特色美食，餐后能K歌，还有葡萄采摘活动，让你拥有不一样的沉浸旅游体验。

附图5-9　国菲酒庄

9. 西丹酒庄

自治州工业旅游示范基地

西丹酒庄（附图5-10）位于风景如画的葡萄种植园内，北有天山山脉环绕，南临博斯腾湖和西望大漠。酒庄是一座集葡萄种植、葡萄酒酿造、主题旅游观光、葡萄酒文化推

附图 5-10　西丹酒庄

广等功能于一体的现代化体验式酒庄。酒庄建筑呈简约的哥特式城堡风格，拥有2000平方米葡萄酒展示厅，设有产品陈列区、文化展示区、品鉴区、互动娱乐区和餐饮服务区，功能齐全。西丹酒庄是一座适合于集体团队建设、家庭旅游、好友聚会以及葡萄酒爱好者深度体验的特色酒庄。

10. 卡瑞尔酒庄

自治州工业旅游示范基地

新疆卡瑞尔庄园酒业有限公司成立于2013年，主营葡萄酒的生产及销售，厂区占地面积100亩，位于新疆巴州和静县工业园区，致力于打造集酿酒、餐饮、休闲为一体的体验式葡萄酒庄园，总投资5000万元。产区设有生产能力2000吨酿造车间、罐装车间、办公楼、餐饮楼、展厅、地下酒窖等。

卡瑞尔酒庄（附图5-11）在优越的生态条件下以品质为中心，把葡萄酒的质量控制提前到种植环节。夏去秋来，当枝叶对果实输送最后糖分时，是采摘葡萄的最佳时期。采摘、筛选、压榨、发酵、入桶、装瓶，每一道程序都浸透了匠人对酒的挚爱。

附图5-11 卡瑞尔酒庄

二、酒文化旅游线路

巴州葡萄酒产业酒文旅融合发展的思路非常清晰，目前规划的3条酒文旅旅游线路入选自治区葡萄酒文化旅游精品线路。

（1）库尔勒市—七个星千佛寺遗址—焉耆回族自治县乡都酒庄—天塞酒庄—元森酒庄—中菲酒庄—四耆酒庄—霍拉山丝路古村景区—和静卡瑞尔酒庄

（2）库尔勒市—博湖县馨玉休闲生态园（酒庄）—莲海世界—博斯腾湖越野星球沙漠越野—博斯腾湖水世界娱乐项目—博湖县乡村民俗体验—博斯腾湖大河口

（3）库尔勒市—和硕县葡萄酒文化展示中心—和硕县博物馆—和硕县乡村民俗体验—芳香庄园—银沙滩—瑞峰酒庄—国菲酒庄—西丹酒庄—帝奥酒庄—冠颐酒庄（西域葡萄酒文化博物馆）—马兰军博园—金沙滩

附录6　焉耆盆地著名景点介绍

巴州旅游资源概况

巴州拥有19项"全国之最",125种类型的旅游资源占全国旅游资源基本类型的80.6%、占新疆的96.1%。走进巴州,厚重的历史散落在一山一河一古道、一州一城一驼铃间。楼兰文化、东归文化、马兰文化、军垦文化、石油文化、香梨文化在这里相融共生,为向往西部、走进新疆的旅行者提供了清晰的文化坐标。

巴州已建成国家A级旅游景区25家,包括世界自然遗产地1处、国家级自然保护区4处、国家级风景名胜区2处、自治区风景名胜区1处、国家级森林公园1处、国家级湿地公园1处。同时拥有楼兰故城、七个星佛寺遗址等全国重点文物保护单位18处、国家级工农业旅游示范点3家、星级饭店36家、旅行社27家、星级农家乐305家。

亲爱的朋友,我们已敞开胸怀将您等候,这里一定会给您留下博大精深、神秘独特、丰富多元的难忘印象,壮美巴州欢迎您!

巴音布鲁克景区（国家AAAAA级）

巴音布鲁克景区是国家AAAAA级旅游景区,新疆大山世界自然遗产地、国家级大鹅自然保护区。它位于新疆巴州和静县,是中国第二大草原。那里有雪山环抱下的世外桃源、优雅迷人的天鹅湖、"九曲十八弯"的壮美景象,是集草原、湖泊、石林、民族风情等多种资源于一体，其自然生态景观和人文景观独具特色，被称之为"绿色净土"。大型实景剧《东归·印象》在土尔扈特民俗文化村上演，巴音布鲁克也是电影《飞驰人生》拍摄所在地，是一个来了不想走、走了还想来的梦幻草原。

景区咨询电话：0996-5350195
景区投诉电话：0996-5350198

博斯腾湖景区（大河口、莲海世界）(国家AAAAA级)

博斯腾湖景区是国家AAAAA级旅游景区、国家级风景名胜区、全国最大的湿地公园。它位于新疆巴州博湖县，是全国最大的淡水内陆吞吐湖。大河口景点堪称亚洲腹地第一河口，设有沙浪娱乐区、西海龙宫水世界、东归西海部落民宿等。

莲海世界景点（附图6-1），因盛开莲花而得名，拥有我国最大的野生睡莲群，是我国四大苇区之一和我国最大的野生睡莲基地，庞大的野生睡莲群与自然芦苇傍水而生，被誉为博斯腾湖美丽的珍珠项链。

大河口景点咨询电话：0996-2181008、6850108
莲海世界景点咨询电话：0996-2566666、18602877422

附图 6-1　莲海世界

天鹅河景区（国家AAAA级）

  天鹅河景区是国家AAAA级旅游景区，属于开放式景区，位于新疆巴州库尔勒市。景区全长15千米，是休闲、旅游、观光的重要城市景区。在天鹅河中有南疆第一大喷泉——梦幻音乐喷泉，景区孔雀河段每年冬天都会有数百只的天鹅、野鸭、鸬鹚、鸳鸯等野生动物飞来越冬，天鹅河景区已成为巴州乃至新疆一张重要的城市旅游名片。

  景区咨询电话：0996-8816801

罗布人村寨景区（国家AAAA级）

　　罗布人村寨是国家AAAA级旅游景区、国家级风景名胜区，也是新疆著名的沙漠胡杨旅游目的地之一，位于新疆巴州尉犁县，拥有着世界最大的原始胡杨林保护区、中国最大的沙漠塔克拉玛干沙漠、最长的内陆河塔里木河，被誉为"万载沙漠，千年胡杨，百岁罗布人"。该景区集沙漠、河流、湖泊、森林、草原等自然景观与神秘、古老的罗布人文化于一体，是具有特色景观、民俗特点和文化底蕴的精品旅游景区。

　　联系电话：0996-4010516，18099587822，18699625610

塔里木胡杨林公园景区（国家AAAA级）

"天下有胡杨，轮台是故乡"。塔里木胡杨林公园，是国家AAAA级旅游景区、自治区风景名胜区，位于巴州轮台县，是世界上面积最大、分布最密、存活最好的天然胡杨林，也是世界森林公园中唯一的沙漠胡杨林公园。荣获中国国家地理杂志"中国最美的十大森林之一"。集塔里木河自然景观、胡杨景观、沙漠景观、石油工业景观于一体，是观光览胜、休闲娱乐、野外探险、科普考察、分时度假的自然风景旅游胜地。

景区咨询电话：0996-4947765，18899010129

巩乃斯景区（国家AAAA级）

　　巩乃斯景区是国家AAAA级旅游景区，位于新疆巴州和静县，是新疆独库公路上的重要节点。巩乃斯景区拥有郁郁葱葱的国家森林公园、闻名遐迩的阿尔先温泉、沁人心脾的万亩油菜花观光园、山花烂漫的班禅沟、云雾缭绕的云梯等，被誉为"云中翡翠谷魅力巩乃斯"，该景区被评为"国家森林公园""中国最美田园""自治区生态旅游示范区"等荣誉称号。

　　景区咨询电话：0996-5010915（游客中心）
　　联系电话：0996-5013889（办公室）

金沙滩景区（国家AAAA级）

金沙滩是国家AAAA级旅游景区，在中国最大内陆淡水湖——博斯腾湖东北岸，是自然景观和休憩娱乐特色兼具的景区。它位于新疆巴州和硕县，风光秀丽水天相连，湖水清澈见底，芦苇、飞禽相映成景，美不胜收。景区内设有游艇、快艇、龙舟、空中飞伞、沙滩蹦极、水上划艇等娱乐项目，享有"新疆夏威夷"之美称。

景区咨询电话：0996-8751736

霍拉山丝路古村景区（国家AAAA级）

霍拉山丝路古村是国家AAAA级旅游景区，中国西部自驾游示范二号营地。它位于新疆巴州焉耆县，景区有民俗馆、焉耆古市、恐龙园、越野赛道、鸽子塘雅丹风貌、小泉沟口唐明古寺、转运神石等旅游景点，是旅游观光、休闲度假、避暑游玩的圣地。

景区咨询电话：0996-6393999

北山森林公园景区（国家AAAA级）

　　北山森林公园景区是国家AAAA级旅游景区、自治区级森林公园。它位于新疆巴州和静县，景区内包括绚丽多姿的人文景观和自然美景，游客可以在生态观光园漫步信游、在休闲采摘园体验欢乐氛围、在动物园亲近大自然、在水上乐园享受冲浪和漂流的刺激、在蝴蝶泉看天鹅嬉戏。北山森林公园景区成为游客休闲、观赏、娱乐的好去处。

　　景区咨询电话：15299341552

巴州博物馆（国家AAAA级）

巴州博物馆是国家AAAA旅游景区，成立于1990年3月，并于2012年12月正式对外开放，隶属巴州文博院，是国家二级博物馆。它位于新疆巴州库尔勒市，总建筑面积18972.46平方米，展览面积约7000平方米。馆藏文物10230件，其中国家一级文物14件、国家二级文物90件、国家三级文物551件，种类有毛纺织品、文书、陶器、石器、铜铁器、玉器及丝织品等。馆内目前展出文物2200件，巴州博物馆是自治区爱国主义教育基地和自治区科普教育基地，2018年4月被设立为新疆（巴州）丝绸之路文创产品开发联盟基地。

预约电话：0996-6781760

黄庙景区（国家AAAA级）

黄庙是国家AAAA级旅游景区，位于巴州和静县，是国家级重点文物保护单位，也是新疆保存较完好的清代古建筑之一。黄庙坐落在天山深处，庙宇依山筑就，金碧辉煌，雄伟壮观。整个建筑结构严谨而轩宇昂然，庙檐上翘的设计赋予它飞动的美感，素有"小布达拉宫"之称。

景区咨询电话：0996-5380318

致谢

本教程编写的过程是辛苦而又快乐的，也充满了起伏和戏剧性。所幸，伙伴们不辱使命，教程得以顺利面世。在此，谨对那些指导、激励、帮助和包容我们的人，致以衷心的感谢。

首先，要感谢巴州工业与信息化局以及巴州葡萄酒产业发展局的领导和朋友们。是他们的热心和大力争取，焉耆盆地葡萄酒产区教程的项目才得以立项实施；是他们的鼓励与支持，让我们巴州葡萄酒协会的酿酒师编委们有了编好教程的信心和责任感。更重要的是在教程编写的工作沟通中进一步体会到严谨细致工作的必要性和重要性，为更好地做好日后的项目多了很多感悟。

其次，要感谢巴州葡萄酒协会的李瑞琴会长。在教程项目申报与编制的过程中，李会长给予了我们极大的信任和支持，并对教程的编写提供了许多实际指导与建议，尤其是在与相关方的联络和协调方面，付出了大量的心血，谨在此致以最诚挚的谢意。同时，要感谢所有在教程编制中帮助、支持过我们的朋友们，他们无私的热情帮助每每让我们感动。

再次，要感谢焉耆盆地产区的酒庄庄主和酿酒师编委们。为了教程的全面、专业和精准，各个酒庄的酿酒师们做了大量的调研和资料收集及整理工作，各位庄主们也给予了贴心的支持。希望我们以后能够继续发扬这种团结协作的奉献精神，共同进步，共同为产区的发展而努力。

最后要特别感谢中国酒业协会王琦理事长和中国食品工业协会杨强秘书长倾情为本教程作序；欧亚民老师为本教程的历史资料提供大量的咨询和支持；巴音郭楞蒙古自治州文化体育广播电视和旅游局与摄影家董基春先生为本教程无偿提供优美的图片；巴州书法家协会常务副会长兼秘书长李宝峰老师热情为书稿内容贡献墨宝。他们的相助与支持之谊，将终生难忘！

感谢所有支持和帮助过我们的领导、相关主管部门、酒庄庄主和朋友们！

新疆焉耆盆地葡萄酒产区教程编委会
2024年9月19日